知識ゼロからの
JavaScript
ABSOLUTE
BEGINNER'S GUIDE
TO JAVASCRIPT
入門

サークルアラウンド
小笠原 寛

技術評論社

本書に記載された内容は、情報の提供のみを目的としています。したがって、本書に記載されているプログラムの実行、ならびに本書を用いた運用は、必ずお客様自身の責任と判断によって行ってください。これらの情報の実行・運用結果について、技術評論社および著者、監修者はいかなる責任も負いません。

　本書記載の情報は、特に断りのないかぎり、2018年6月のものを掲載していますので、ご利用時には、変更されている場合もあります。

　以上の注意事項をご承諾いただいたうえで、本書をご利用願います。これらの注意事項をお読みいただかずに、お問い合わせいただいても、技術評論社および著者は対処しかねます。あらかじめ、ご承知おきください。

　本書に記載されている製品の名称は、すべて関係各社の商標または登録商標です。本文中にTM、®、©マークは明記しておりません。

はじめに

　本書を手にとっていただき、お礼申し上げます。本書はこれから
JavaScriptに触れる入門者、もしくは現在学習中の初学者を対象とし
たJavaScriptの入門書です。

　第1章と第2章ではJavaScriptを書き始める前に知っておくべきキー
ワードと概念を解説し、第3章では実際にサンプルプログラムを作成
しながら学べる形で、JavaScriptの基本文法を紹介しています。

　第4章では、Chromeの開発者ツールを使用したJavaScriptのデバッ
グ（プログラムがうまく動作しないときの対応）などに触れ、第5章
で応用課題に取り組んでいただきます。

　第6章からは、JavaScriptの開発現場においてよく使用されるライブ
ラリの一つであるjQueryの紹介、第7章では実際にjQueryを使用したサ
ンプルプログラムを通じて、その理解を深められるようになっていま
す。

　第8章では、まずJavaScriptの歴史を振り返りつつ、ECMAScriptの
存在について触れています。そして、これまでに扱ってきた技術の掘
り下げや、今後の学習に備えて知っておいていただきたい技術を紹介
しています。

　最終章である第9章では、本書を読み終えた後の学習方法について
言及しています。

　本書では「まずは動くものを作ってみる」という体験からJavaScript
に慣れてもらうことに重点を置いておりますので、あらかじめ以下の
点に注意してください。

・上記の理由から文法レベルの解説には、あまりページを割いていま
　せん。そのため、すでにJavaScriptの基礎知識があり、文法の理解

をより深めたいという人には、本書をおすすめしません

・本書はあくまでJavaScript入門書なので、HTML/CSSの解説にはページを割いていません。あまり複雑なことはしませんが、ある程度HTML/CSSの基礎知識があることを前提としています

また、本書で取り扱うJavaScriptやライブラリは、2018年6月の執筆時点でなるべく多くの環境に適用したものに的を絞りました。

本書がこれからJavaScriptを学ぶ人、初学者の助けとなる一冊になれば幸いです。

小笠原 寛

■ ブラウザについて

　本書では、Google Chrome（以下、Chrome）でサンプルコードの実行や表示を行っていきます。開発を効率化するためのツールを途中で紹介しますが、それらのツールもChrome標準のものなので、もしChromeが環境に導入されていない場合は、ダウンロードを推奨します。なお、本書のコードは、Chromeの本書執筆時点（2018年6月）で最新のバージョン65.0で動作確認をしています。

▽ https://www.google.co.jp/chrome/

■ エディタについて

　本書では、JavaScriptの開発エディタとして「Brackets」をおすすめしています。

▽ http://brackets.io/

　しかし、一般的なエディタであれば、どのアプリケーションでもJavaScriptの開発を行うことができるので、馴染みのエディタがあればそれを使っても問題ありません。

CHAPTER 1 WEBシステムとJavaScript

01 WEBシステムを知ろう ･････････････････････････ 2

クライアントとサーバ／URLの正体

COLUMN 「index」というファイル名について

02 JavaScriptを知ろう ･･････････････････････････ 7

サーバサイド言語／クライアントサイド言語

COLUMN サーバサイドのJavaScript

CHAPTER 2 JavaScriptを書き始める前に

01 JavaScriptを書くべき場所を知ろう ･･･････････････ 12

HTMLファイル内にJavaScriptを書く／JavaScriptファイルに書く

02 DOMのことを知ろう ･････････････････････････ 15

DOMとは何か

CHAPTER 3 初めてのJavaScript

00 JavaScriptを書く準備をしよう ･･･････････････････ 20

章ごとのフォルダを作成する／各節で共通して扱うファイルを作成する

01 文字を表示してみよう —— 文字列と関数 ･･･････････ 24

alert関数でテキストをポップアップさせる／コードがうまく動かない場合／alertのタネあかし

CONTENTS

02 足し算の結果を表示してみよう —— **数値と演算子** … 29
数値の足し算をする／コードがうまく動かない場合／数値とクォー
テーションの関係／演算子の種類と半角スペース

03 消費税の計算をしてみよう —— **変数** … 33
変数の使い方／変数を利用するメリット

04 条件に応じて処理を変えてみよう —— **if文による条件分岐** … 38
if文の構造／if文の使い方／confirm関数でユーザーに質問する

COLUMN　複数の条件式で処理を分岐する場合

05 情報のまとまりを扱ってみよう —— **配列** … 47
配列とは何か／変数の作成と参照／配列データの内容を変更する

06 情報のまとまりを効率よく表示してみよう① —— **while文** … 51
イテレートとは何か／while文の使い方／繰り返しの回数を制限する
／while文で配列を参照する

07 情報のまとまりを効率よく表示してみよう② —— **for文** … 57
for文の使い方／for文の構造

08 国の首都を表示してみよう —— **switch文** … 61
switch文の構造／switch文の使い方

COLUMN　switch文中のbreakについて

09 偶奇判定をしてみよう —— **ユーザー定義関数** … 66
関数を定義する手順／ユーザー定義関数の利用／ユーザー定義関数
の中身

COLUMN　関数の返り値について

10 名前のついた情報のまとまりを扱ってみよう —— **オブジェクト** … 71
オブジェクトとは何か／オブジェクトのプロパティを参照する／プ
ロパティの追加と変更／プロパティに関数を入れる

COLUMN　プロパティについて

vii

CHAPTER 4 開発者ツールの利用

01 開発者ツール上でJavaScriptを実行してみよう ······80
Chromeで開発ツールを起動する／ConsoleからJavaScriptを実行する
／Consoleを使うメリット

02 開発者ツールを使用したデバッグ方法を知ろう ······83
エラーメッセージを確認する／エラーメッセージを読み解く／エ
ラーメッセージから原因を探る／ファイルのコードのエラー／エ
ラー発生時のデバッグの基本

COLUMN コード上からConsoleへの出力を行う場合

COLUMN エラーが発生しないバグについて

CHAPTER 5 実践JavaScriptプログラミング

00 JavaScriptを書く準備をしよう ·················92

01 HTMLのテキスト情報を変更してみよう ···········96
テキストが表示される仕組み

COLUMN class名やタグ名での要素取得について

02 liタグを作成してみよう ·····························101
情報が表示される仕組み／配列の情報を順番に表示する

03 ボタンクリック時にポップアップを表示してみよう ··· 105
ユーザーイベント発生時に特定の処理を実行する／イベント名とリ
スナー

04 現在時刻を表示してみよう ·······················109
現在時刻の時/分/秒を取得して連結する／時刻の自動更新

05 倍数当てゲームを作ってみよう ···················113
カウント処理を実装する／カウント処理を関数化する／ボタンテキ
ストを切り替える／停止の処理を追加する／判定結果を表示する

CONTENTS

CHAPTER 6 jQueryについて

01 jQueryのメリットを知ろう ································ 124
JavaScriptの一部のコードが簡潔に書ける／クロスブラウザ対応に関するコードを書かずに済む

02 jQueryの導入方法 ······································ 128

CHAPTER 7 jQueryを使ったJavaScriptプログラミング

00 JavaScriptを書く準備をしよう ······················ 132
jQueryファイルのダウンロード／必要なファイルを作成する

01 ボタンクリック時にポップアップを表示してみよう ··· 139
jQueryのonメソッドとaddEventListener

02 テキストフィールドに入力されている文字数を表示してみよう ··· 142
文字入力に対して処理を行う

03 チェックが付いたラジオボタンのテキストを表示してみよう ··· 146
イベントオブジェクトを引数として受け取る

04 テキストフィールドが未入力ならサブミットボタンを無効にしてみよう ··· 150
未入力時にボタンを無効にする／サブミット時の処理を追加する

05 フォームバリデーターを作ってみよう ··············· 156
タイトルの文字数をチェックする／本文の文字数を制限する／冗長なコードを簡潔に修正する／エラーメッセージの重複を解消する／サブミット時の処理を追加する

ix

CHAPTER 8 JavaScriptについてさらに深く知ろう

01 ECMAScriptが生まれた背景 ……………………………… 172

ブラウザ間の互換性の確保

COLUMN　JavaScriptの言語バージョンについて

02 スコープについて ……………………………………………… 174

スコープとは何か／関数内に関数を定義した場合／変数の宣言には「var」を忘れない

03 DOMイベントについて ……………………………………… 181

イベントが伝わっていく仕組み／addEventListnerの第三引数

04 同期処理と非同期処理について …………………………… 187

同期処理とは何か／非同期処理とは何か

05 Ajaxについて ………………………………………………… 193

Ajaxとは何か／JSONについて／Ajaxを扱ううえで必要な知識／AjaxでJSONを取得してみよう

CHAPTER 9 この先の学習について

01 本書を読み終わったら ……………………………………… 206

再読してコードの内容を理解する／言語仕様の理解を深める／自分でコードを書いてみる

COLUMN　WEBの情報を利用するときの注意点

索引 …………………………………………………………………… 210

著者プロフィール …………………………………………………… 213

CHAPTER
1

WEBシステムと JavaScript

JavaScriptは基本的にWEBシステムの中で動作する言語です。本章では、WEBシステムの大枠に触れたうえで、JavaScriptがどのような役割を担っているのかを紹介します。

CHAPTER 1

Section 01

WEBシステムを知ろう

　いきなりWEBシステムと聞いて「JavaScriptじゃないのか」と思うかもしれませんが、JavaScriptを理解する上で重要な仕組みなので、少しお付き合いください。
　WEBシステムとは、簡単にいうと、WEBサイトの閲覧やSNSなどのWEBサービスを利用するための仕組みのことです。

》》 クライアントとサーバ

　WEBシステムは、「クライアント」と「サーバ」が通信をすることで、成り立ちます。
　乱暴な表現になってしまいますが、WEBシステムにおけるクライアントとは、WEBブラウザ（Google ChromeやInternet Explorerなど）を指し、サーバとはブラウザからの通信を受け、HTML/CSS/JavaScript/画

▽ 図1-1-1

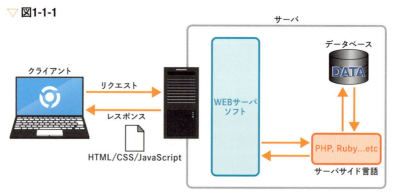

クライアント／サーバ間で通信を行うことで、WEBページを閲覧できる。

像ファイルなどの情報を提供するためのシステムを意味します。

　図1-1-1のように、クライアントはリクエストデータと呼ばれる情報を
サーバに送信（リクエスト）し、サーバはリクエストを解釈してWEBサイトの閲覧やWEBサービスの利用に必要な、HTML/CSS/JavaScript/画像ファイルといった情報をクライアントに返します[※1]。

URLの正体

　サーバについてもう少し触れておきます。

　サーバはWEB上に無数に存在し、WEBブラウザがリクエストを行うとき、どのサーバと通信を行うのかを指定する必要があります。そのため、サーバには所在地を表す住所のような情報が紐付いており、これをドメインといいます。

　ブラウザからサーバへリクエストを行う際、このドメインを含んだ情報をブラウザのアドレスバーに入力する必要があります。このドメインを含んだ情報はURLと呼ばれます。

　WEBサイトを閲覧するとき、何気なく利用しているURLは、ブラウザとサーバが通信を行うために必要な情報の集合体といえます。

■ プロトコル

　WEBサイト／サービスを利用する際にクライアント（ブラウザ）とサーバが通信を行う必要があることは、すでに触れました。サーバもコンピュータであるため、「クライアントとサーバが通信を行う」とは異なるコンピュータ（機器）同士が通信を行うことを意味します。

　通常、メーカーや基盤が異なるコンピューター同士が通信を行うためには、両者が共通で理解できる形式（厳密には規約）で通信を行う必要があります。この形式（規約）のことをプロトコルといいます。たとえば、「http（Hypertext Transfer Protocol）」は、クライアントとサーバ間でデータの送受信を行うためのプロトコル[※2]です。

※1　クライアントに返すデータを「レスポンスデータ」ともいう。
※2　実はクライアントとサーバの通信は、http以外にも複数のプロトコルに支えられて実現している。しかし、本書はJavaScriptの入門書であるため、httpの役割を伝えるための最低限の解説に留める。

■ ドメイン

サーバをWEBサイト／サービスを利用するするための情報（HTML/CSS/JavaScriptなど）が住まう「家」だとすると、ドメインは「住所」のような存在です。

通常、サーバにはその所在を表すためのIPアドレスという、以下のような数値をドットで区切った情報が割り当てられます。

IPアドレスの例：210.172.128.230

しかし、サーバと通信を行うたびに上記のような長い情報をアドレスバーに入力するのは、現実的ではありません。また、URLからアクセス先を判断することもできないため、IPアドレスは、人間にとって非常に扱いづらい情報といえます。

そのためWEBサイトを公開する際、サイトないしはサービスのオーナーは、人間が扱いやすい名前をIPアドレスに割り当てます。これがドメインです。多くの場合、WEBサイトを公開する際には、「お名前.com」などのドメインを提供している事業者に利用料を支払い、自分のサーバに対してドメインを割り当てます。

「お名前.com」 https://www.onamae.com/

■ パス情報

　通常、WEBサイトを公開する際には、サーバのどの階層をWEB上に公開するかを指定する必要があります。

　すでに触れたとおり、サーバもコンピューターであるため、内部には複数のディレクトリ（フォルダ）／ファイルが存在しています。そのため、サーバを利用する際には、複数あるディレクトリのうち、どの階層をWEBサイトとして、外部に公開するのかを設定する必要があります。この公開先に指定したディレクトリをルートディレクトリといいます[※1]。

　そのため、WEB上に公開する情報（HTML/CSS/JavaScriptなど）は、このルートディレクトリの下に配置することになります。

　通常、ドメイン名でのアクセスはルートディレクトリへのアクセスを意味します。URL内のパス情報とは、ルートディレクトリの中のどの階層（フォルダ）のどのファイルにアクセスを行うのかを表す情報となります。

　たとえば、以下のようなURLで考えてみましょう。

▽ 図1-1-2

URLは、実はいろいろな情報を含んでいる。

　上に挙げたURLのパス情報は「/top/index.html」ということになります。これは、ルートディレクトリ直下に存在する「top」ディレクトリ内の「index.html」というファイルへのアクセスを意味します。

※1　サーバの利用に際し、レンタルサーバなどを利用する場合、たいていルートディレクトリの階層は事業者によって決められている。

COLUMN
「index」というファイル名について

　すでにHTML/CSSの知識のある読者は、「index.拡張子」という
ファイル名をよく目にするのではないでしょうか[1]。このindexとい
うファイル名には、特殊な意味があります。多くの場合、サーバは
リクエスト時のパス情報にフォルダ名を指定された場合、「index」
という名前のファイルを探すように決められています。「index」の
ような特殊な意味を持った名前のファイルは「ファーストドキュメ
ント」と呼ばれ、URLからファイル名を省略してもアクセス可能で
す。

　つまり、「http://example.com/top/index.html」へのアクセスは、
URLを「http://example.com/top」としても可能であることを意味
します。WEBサイトを作成する際に「index.html」というファイル
を目にすることが多いのは、このためです。

まとめ

- WEBシステムとは、WEBサイトの閲覧やWEBサービスの利用を
  実現するためのシステムである
- WEBシステムは「サーバ」と「クライアント」が通信をすること
  で成り立っている
- クライアントとはWEBブラウザのことを指し、サーバはWEBの
  閲覧に必要なファイルを提供するシステムを指す
- クライアントはサーバにリクエストデータと呼ばれる情報を送信
  し、サーバはそれに応じたレスポンスデータ（HTMLもこれに含
  まれる）を返す
- URLとは、クライアントとサーバ通信を行う際に必要な情報の集
  合体である

---

[1] PHP、Rubyなどによるサーバサイドの処理が不要な場合、この拡張子は「html」となる
ことが多い。

CHAPTER 1

Section 02　JavaScriptを知ろう

さて、ここからは本題のJavaScriptについて触れていきます。

前節でWEBシステムについて触れましたが、この仕組みの中で動くプログラミング言語は大きく分けて2種類存在します。

>>> サーバサイド言語

サーバ側で動く言語は、サーバサイド言語と呼ばれます。サーバサイド言語の主な仕事は、クライアントからのリクエストを解釈し、HTMLなどのレスポンスデータを作成してブラウザに返すことです。レスポンスデータ作成時には、必要に応じてデータベース[※1]との通信を行うこともあります。ブラウザは、サーバから返却されたレスポンスデータを解釈し、WEBページの表示を行います。

サーバサイド言語はいくつも存在し、サービスの用途や開発チームの

▽ 図1-2-1

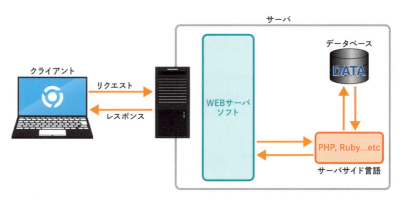

※1　サービスにおいて使用される、さまざまなデータが保存される領域。

スキルセットによって使用言語が異なります。日本では、PHPやRubyなどのサーバサイド言語が、多くのサービスで使用されています。

しかし、WEBシステムの中で、サーバサイド言語が使用されないケースも存在します。なぜならリクエストに応じたレスポンスデータを返すだけであれば、サーバがその機能を提供しているため、サーバサイド言語での処理は不要なのです。

サーバサイド言語は、レスポンスデータを返す前に、以下のような特別な処理が必要な場合に使用されます。

■ メールの送信

メール送信といっても、さまざまなケースが存在します。サーバサイド言語が使用される例としては、フォームから問い合わせを送信したユーザーへの自動返信や、サービスの新規登録を行ったユーザーへの認証メールの送信などは、サーバサイド言語の仕事の一つです。

■ ログインなどの会員認証

普段、SNSやECサイトなどWEBサービスを利用している人にとって、ログイン／ログアウト処理は馴染み深いのではないでしょうか。これらの機能を実現するのもサーバサイド言語の仕事です。

このほかにも、サーバサイド言語はさまざまなことを実現できます。

SNSでは、同じURLでも会員ごとに異なる情報が表示されますが、これもサーバサイド言語のおかげなんですか？

そのとおり！サーバサイドで会員情報を確認して、適切な情報を返してくれているんだ！

>>> クライアントサイド言語

　クライアント側（ブラウザ）で動く言語のことをクライアントサイド言語といいます。

　いくつもの種類があったサーバサイド言語とは事情が異なり、クライアント側で動くプログラミング言語は、現状ではJavaScriptが唯一だといってもよいでしょう。

　JavaScriptの主な仕事は、WEBサイトの訪問者の操作などに応じてページの見た目を変更したり、ブラウザの代わりにサーバへリクエストを送ったりすることです。

　また、最大の特徴は、JavaScriptはブラウザで動く言語であることです。サーバサイド言語などのプログラミング言語は、通常、使用する前にインストールを行う必要があるのですが、JavaScriptはインストール作業不要です。なぜなら、JavaScriptはブラウザの中にあらかじめ含まれている言語だからです。

　このJavaScriptの特徴には、メリット／デメリットが存在するのですが、詳細は8-1節「ECMAScriptが生まれた背景」で述べます。ここでは、JavaScriptはブラウザの中で動作する言語であり、ブラウザに大きく依存する言語だということを覚えておきましょう。

インストール不要ということは、JavaScriptは手間のかからない言語ということですか？

確かにインストールが不要ですぐに始められるのは、JavaScriptの大きなメリットだね。

まとめ

- WEBシステムの開発におけるプログラミング言語は、大きく分けて、サーバサイド言語とクライアントサイド言語の2種類が存在する
- JavaScriptはクライアントサイドの言語である
- JavaScriptはブラウザ上で動作する言語であり、インストールは不要
- JavaScriptはユーザーの操作に応じてページの見た目を変更することができる
- JavaScriptはブラウザの代わりにサーバにリクエストを送ることができる

COLUMN

サーバサイドのJavaScript

　本書では、「JavaScriptはクライアントサイドの言語である」としています。しかし近年、JavaScriptで実現できることはクライアントサイドの処理に留まらず、その幅を増やしています。

　最近では、サーバサイドでJavaScriptを動作させる技術「node.js」も盛り上がりを見せています。node.jsを使用することで、PHPやRubyなどが担っているサーバサイドの処理をJavaScriptで実装することも可能です。

　本書はあくまでクライアントサイドにおけるJavaScriptの入門書であるため、これらの技術は取り上げませんが、上に挙げたような背景もあり、JavaScriptのプログラミング言語としての需要は増加傾向にあるといえます。

CHAPTER
2

JavaScriptを
書き始める前に

本章では、JavaScriptを書き始める前に知っておきたいポイントを紹介します。特に後半で扱うDOMは、JavaScriptを学ぶ上で非常に重要な概念なので、ここで輪郭をつかんでおきましょう。

CHAPTER **2**

Section
01

JavaScriptを書くべき
場所を知ろう

　まずJavaScriptのコードを書きはじめる前に、どこにJavaScriptを書く
のかを知っておきましょう。JavaScriptを書ける場所は、大きく分けて
2つあります。

1. HTMLファイル
2. JavaScriptファイル

　どちらにJavaScriptを書くべきかはケースバイケースなので、一概に
どちらがいいとはいえないのですが、多くの場合、2.の方法を採用しま
す。2.の方法では、JavaScriptファイルを作成し、その中にコードを記
載していきます。
　次章以降作成するサンプルプログラムでは、場合によって、1.と2.の
どちらの書き方も採用するので、ここで学んでおきましょう。

≫ HTMLファイル内にJavaScriptを書く

　HTMLファイルの中にJavaScriptのコードを書いていく場合、「script」
というタグの中にコードを書いていきます。
　scriptタグはbodyタグかheadタグの中であれば、どこに記載しても動
きますが、多くの場合、以下のようにbodyの終了タグの直前に記載しま
す。

≫12

▽ コード2-1-1 `HTML`

```
001  <html>
002  <head> (省略) </head>
003  <body>
004      <!-- WEBサイトを構成する要素 -->
005      (省略)
006      <script>
007          // ここにJavaScriptを書きます
008      </script>
009  </body>
010  </html>
```

》》 JavaScriptファイルに書く

　JavaScriptファイルにコードを書いていく場合は、JavaScriptを記載するファイルを作成し、そのファイルをHTMLから呼び出す必要があります。WEBサイト制作の経験のある人であれば、CSSファイルの外部化に近いことに気付くでしょう。

　JavaScriptファイルは「任意のファイル名.js」のように拡張子を「.js」とし、保存します。HTMLから上記のファイルを呼び出すには、このscriptタグを使用して以下のように記載します。

▽ コード2-1-2 `HTML`

```
001  <html>
002  <head> (省略) </head>
003  <body>
004      <!-- WEBサイトを構成する要素 -->
005      <script src=" 呼び出したいJavaScriptファイルのパス情報
     "></script>
006  </body>
007  </html>
```

　scriptタグで外部のJavaScriptファイルを呼び出す場合には、コード2-1-2のようにsrc属性にJavaScriptファイルのパス情報を指定します。

また、scriptタグはあくまでHTMLのタグであり、JavaScriptファイルに書くコードはscriptタグで囲いません。注意してください。

まとめ

- HTMLにJavaScriptを記載する場合は、scriptタグを使用する
- scriptタグは、bodyの終了タグ直前に書いておくのが一般的である
- JavaScriptのコードは、外部ファイル（JavaScriptファイル）に切り出すことができる
- JavaScriptファイルの拡張子は「.js」とする
- JavaScriptファイル内には、scriptタグを書く必要はない

CHAPTER **2**

Section
02 DOMのことを知ろう

次に、この先、JavaScriptを学んでいくうえで重要な「DOM」という概念について触れておきます。

第1章で述べたとおり、JavaScriptの役割には大きく分けて、以下の2つがあります。

1. WEBサイト利用者の操作などに応じてページの見た目を変更する
2. ブラウザの代わりにサーバと通信を行う

本書は基本的に、この2つのうち、1.を基礎から学ぶための書籍です。

DOM（ドム）は「Document Object Model」の略称で、1.を実現する上で非常に重要な概念です。また、2.に関しては、Ajax（エイジャックス）という技術を用いて実現するのですが、Ajaxは入門時点においてはややハードルが高く、ある程度サーバサイドの知識も必要であるため、本書では後半で概説する程度の扱いに留めています。

》》 DOMとは何か

それでは、本題のDOMに移りたいのですが、まずHTMLについておさらいしましょう。

私たちは、WEBページを作成するとき、最初にHTMLという形式でWEBサイトの骨格に当たる部分を構築します。このHTMLファイルをブラウザに展開することで、WEBページがブラウザ上に描画（レンダリング）されます。

このとき、ブラウザにHTMLが表示されていると思っている人が多い

のではないでしょうか。しかし、実際のところ、ブラウザはHTMLを読み込んだ際に「ある情報」に変換を行ったあとにレンダリングをしています。その「ある情報」というのがDOMなのです。つまり、ブラウザはWEBページを表示するために、読み込んだHTMLを一度DOMという情報に変換してからレンダリングを行っていることになります。

DOMとは、HTMLなどの文書をJavaScriptのようなプログラムから扱えるようにするための仕組みを指します。

たとえば、以下のようなHTMLを例に挙げて考えてみましょう。

▽ **コード2-2-1** `HTML`

```html
<!DOCTYPE html>
<html lang="ja">
<head>
  <meta charset="UTF-8">
  <title>ページタイトル</title>
</head>
<body>
  <h1>サンプルページ</h1>
  <p>サンプルです</p>
</body>
</html>
```

DOMでは、上に挙げたHTML文書が次ページに挙げたようなツリー構造のドキュメントとして扱われます。

documentという情報を「親[1]」に、HTMLのタグやテキスト情報はDOMに変換される際に「ノード」という単位に分解されます。

ノードには、大きく分けて「要素ノード」と「テキストノード」が存在し、要素ノードはHTMLタグ、テキストノードはHTMLタグ内のテキスト情報に該当します[2]。

では、なぜ本章においてJavaScriptの前にHTMLとDOMの解説を挟んだかというと、JavaScriptで「ページの見た目を変更する」ことは「DOMを変更する」ことを理解してほしかったからです。JavaScriptは、DOMに変更を加え、WEBページの情報の変更を行います。

---

[1] document自体もHTML文書全体を表すノードである。
[2] 厳密には、要素ノードやテキストノード以外のノードも存在するが、本書では割愛する。

いろいろと難しい説明が続いてしまいましたが、本章では「DOMとは、JavaScriptでWEBページに変更を加えるための仕組みだ」ということを押さえておいてください。

▽ **図2-2-1**

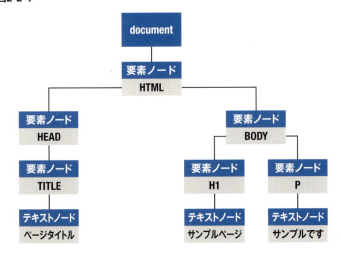

DOMとHTMLが似ているようなので、混乱してしまいそうですね。

そうだね。ただ、今の段階では両者の違いに対して神経質になりすぎないほうがいいかもね。「HTML文書をプログラムから扱うためにDOMという仕組みがある」いうことをおさえておけばいいと思うよ。

まとめ

- DOMとはHTML等の文書をプログラムから扱えるようにするための仕組みである
- HTMLはブラウザに展開される際、DOMに変換される
- JavaScriptでWEBページの見た目を変更するということは「DOMを変更する」ということになる
- JavaScriptを介してサーバと通信を行う技術をAjaxという

CHAPTER
3

初めてのJavaScript

>>> ----

本章では、実際にサンプルプログラムを作成しながら、JavaScriptの基本文法を学んでいきます。本書で初めてプログラミングに触れる人にとっては、理解しづらい箇所もあるかもしれませんが、まずは「動くものを作ってみる」という体験を重視しながら、楽しみつつ取り組んでください。

CHAPTER **3**

Section
00

JavaScriptを書く
準備をしよう

　コードを書き始めるための準備をしましょう。本書で取り扱うファイルを管理するためのフォルダ構成は、以下のようになります[※1]。

▽ **図3-0-1**

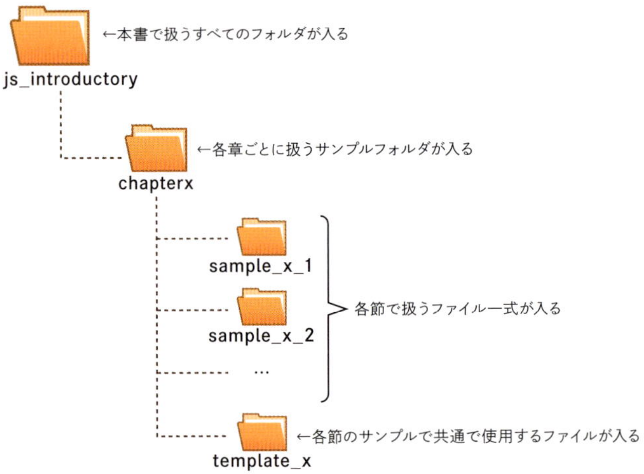

←本書で扱うすべてのフォルダが入る
js_introductory

←各章ごとに扱うサンプルフォルダが入る
chapterx

sample_x_1

sample_x_2

...

各節で扱うファイル一式が入る

←各節のサンプルで共通で使用するファイルが入る
template_x

　上のフォルダ／ファイルは、以下のURLよりダウンロードすることが可能です。これを活用することで、本書を効率よく読み進められます。なお、ダウンロードしたデータを使う場合、これ以降、本節で解説しているフォルダ作成は不要なので、次節に読み進めてください。

http://gihyo.jp/book/2018/978-4-7741-9939-9

　それでは、まず本書のサンプルコードを管理するための「js_

※1 「x」には各章の番号が入る。

>>> 20

introductory」というフォルダを管理しやすい場所に作成しましょう。次に、その中に、以下の手順で第3章を進めていくために必要なフォルダ／ファイルを作成します。

>>> 章ごとのフォルダを作成する

「js_introductory」フォルダ内に「chapter3」というフォルダを作成しましょう。

▽ **図3-0-2**

本章で扱うファイルは、このフォルダの中で管理します。

>>> 各節で共通して扱うファイルを作成する

本章で扱うHTML/CSSは、どのサンプルでも共通の内容です。その都度、同じ内容のファイルを作成するのは手間なので、HTML/CSSファイルは、この「template」フォルダからコピーして利用するようにします。「js_introductory/chapter3」内に「template_3」というフォルダを作成しましょう。

▽ **図3-0-3**

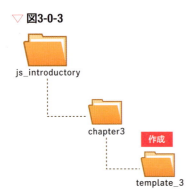

次に「js_introductory/chapter3/template_3」フォルダに以下の内容でHTML/CSSファイルを作成しましょう。

▽ **図3-0-4**

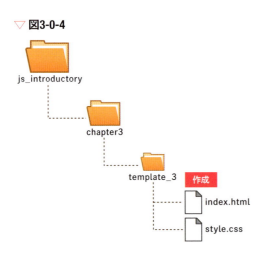

▽ **コード3-0-1**　`HTML`　js_introductory/chapter3/template_3/index.html

```
001  <!DOCTYPE html>
002  <html lang="ja">
003  <head>
004    <meta charset="UTF-8">
005    <title>知識ゼロからのJavaScript入門 | Chapter3</title>
006    <link rel="stylesheet" href="./style.css">
```

```
007  </head>
008  <body>
009    <header class="header">
010      知識ゼロからのJavaScript入門
011    </header>
012    <section class="contents">
013    </section>
014    <script>
015    </script>
016  </body>
017  </html>
```

▽ **コード3-0-2** `HTML` js_introductory/chapter3/template_3/style.css

```
001  html, body, div, header, section, p, span {
002    margin:0;
003    padding:0;
004    border:0;
005  }
006
007  .header {
008    background-color: #F9D535;
009    padding: 15px 30px;
010    font-size: 24px;
011    font-weight: 600;
012  }
013
014  .contents {
015    padding: 30px;
016  }
```

これで本章を進める準備が整いました。

CHAPTER 3

Section 01 文字を表示してみよう
――文字列と関数

　本章では、第2章で触れた「HTML内にJavaScriptを書く」スタイルでJavaScriptを書いていきます。まずは、本節で扱うファイルを管理するフォルダを「js_introductory/chapter3」フォルダ内に「sample_3_1」という名前で作成し、その中に「js_introductory/chapter3/template_3」からHTML/CSSファイルをコピーしましょう[※1]。

▽ 図3-1-1

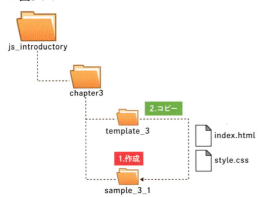

- - -

≫≫ alert関数でテキストをポップアップさせる

　これからscriptタグの中にJavaScriptを記載し、「Hello JavaScript」というテキストをポップアップ形式で表示してみます。それでは、以下のようにscriptタグ内にJavaScriptを書いてみましょう。

- - -

※1　ダウンロード版のフォルダ／ファイルを利用している場合、この作業は不要。

文字を表示してみよう―文字列と関数　Section 01

▽ コード3-1-1　**HTML**　js_introductory/chapter3/sample_3_1/index.html

```html
001 <!DOCTYPE html>
002 <html lang="ja">
003 <head>
004   <meta charset="UTF-8">
005   <title>知識ゼロからのJavaScript入門 | Chapter3</title>
006   <link rel="stylesheet" href="./style.css">
007 </head>
008 <body>
009   <header class="header">
010     知識ゼロからのJavaScript入門
011   </header>
012   <section class="contents">
013   </section>
014   <script>
015     alert('Hello JavaScript'); // 追加
016   </script>
017 </body>
018 </html>
```

index.htmlを保存したらブラウザで開いてみてください。以下のように「Hello JavaScript」とポップアップが表示されていれば成功です。

▽ 図3-1-2

>>> コードがうまく動かない場合

あれ、私、コードが
うまく動かない。

じゃあ以下の点に
注意して、コードを
見直してみようか。

■ 「Hello JavaScript」を「'」で囲い忘れていませんか？

詳細はあとで解説しますが、「Hello JavaScript」が「'」で囲われていない場合、コードはうまく動作しません。

■ 「'」を全角で入力していませんか？

JavaScriptでは記号を全角で入力してしまうと、コードがうまく動作しません。「'」は半角で入力してください。

あ、動きました！「'」を
全角で入力していました。

よかった！基本的にJavaScript
のコードは、あとで説明する文字列
以外は半角で入力するように意識し
て、コードを書くといいと思うよ。

>>> alertのタネあかし

前ページでテキスト情報をポップアップ表示したときに使用した、「alert」について解説します。alertは、JavaScriptがあらかじめ用意している機能の一つです。JavaScriptには、最初から使える便利な機能の1つとして「関数」というものが存在し、alertもこの関数にあたります。

■ 関数の後ろにはカッコを付ける

次に気になるのがalertの後ろにある「('Hello JavaScript')」という情報でしょう。まず、「( )」ですが、これは関数を実行（使用）するとき、必ず関数の名前（関数名といいます）の後ろに付ける必要があります。alertはあくまで関数名であり、関数は名前を書いただけでは実行できません。不思議に思うかもしれませんが、JavaScriptでは「( )」が「関数を実行してね！」という命令を意味するのです。

■ 関数の引数

次に「( )」の中に入っている「'Hello JavaScript'」について触れておきましょう。alertは、渡したテキスト情報（文字列）をポップアップとして表示してくれる関数です。関数には、必要に応じて処理の中で使用する情報を渡すことができ、これを「引数」（ひきすう）といいます。JavaScriptが用意している関数の中には、引数を必要とするものとそうでないものがあります。今回使用したalertは引数として渡した情報をポップアップで表示するための関数なので、引数が必要です[1]。

■ クォーテーション内は文字列

さて、「'Hello JavaScript'」が引数と呼ばれる情報であることは、わかったかと思います。しかし、文字列の両サイドにある「'」は何を意味するのでしょうか。JavaScriptは、「'」（シングルクォーテーション）もしくは「"」（ダブルクォーテーション）で囲まれた[2]情報を文字列として扱います。クォーテーションで囲まれていない文字情報は、何かしらの特別な意味を持った情報とJavaScriptが解釈するため、文字列として扱いたい情報はシングルクォーテーションまたはダブルクォーテーションで囲む必要があるのです。

■ 処理の終了を示すセミコロン

文末の「;」（セミコロン）ですが、これは「この処理はここで終了だ

----

[1] 必須ではないが、引数がなければテキストが空の状態でポップアップが表示される。それでは意味を成さないため、必要としている。
[2] 文字列を扱う際は、シングルクォーテーションまたはダブルクォーテーションのどちらで囲んでもかまわないが、本書ではシングルクォーテーションに統一する。

よ」という処理の区切りを意味します。付け忘れてもJavaScriptが自動でセミコロンを文末に挿入してくれるので、問題はありません。ただし、JavaScriptにセミコロンの挿入を任せていると意図しない箇所で処理が区切られ、思わぬ不具合（バグ）が発生してしまうこともあるため、本章では基本的に文末のセミコロンを付けるようにしています。

■ コメント

「//」に続く部分は「コメント」です。コメント部分はプログラムとしては認識されないため、コードになにか情報を残しておきたい場合などに使います。本書でも追加部分や実行結果を示すのに利用しています。

まとめ

- JavaScriptには「関数」という、あらかじめ用意された機能が存在する
- 関数を実行するには「関数名( )」のように、名前の後ろに「( )」をつける必要がある
- 「( )」には、「関数を実行してね」という意味がある
- 関数の実行時、必要に応じて処理の中で使用する情報（引数）を渡すことができる
- JavaScriptで文字を扱う場合、文字情報をクォーテーションで囲う必要がある
- 文末の「;」は処理の区切りを意味する

足し算の結果を表示してみよう──数値と演算子　Section 02

CHAPTER 3

Section
02
足し算の結果を表示してみよう ──数値と演算子

　次はJavaScriptで足し算を行い、その結果をalertで表示してみます。まずは、先ほどと同じ要領で、本節で扱うファイルを管理するためのフォルダを作成しましょう。

1. 「js_introductory/chapter3」フォルダ内に「sample_3_2」という名前で作成する
2. その中に「js_introductory/chapter3/template_3」フォルダからHTML/CSSファイルをコピーする

》》 数値の足し算をする

　それでは、以下のコードを書いてみましょう。

▽ **コード3-2-1**　**HTML**　js_introductory/chapter3/sample_3_2/index.html

```
001  <!DOCTYPE html>
002  <html lang="ja">
003  <head>
004    <meta charset="UTF-8">
005    <title>知識ゼロからのJavaScript入門 | Chapter3</title>
006    <link rel="stylesheet" href="./style.css">
007  </head>
008  <body>
009    <header class="header">
010      知識ゼロからのJavaScript入門
011    </header>
012    <section class="contents">
013    </section>
```

初めてのJavaScript

29

014	`<script>`
015	`  alert(1 + 2); //` 追加
016	`</script>`
017	`</body>`
018	`</html>`

　プログラミング言語で足し算を行うときは、算数と同じように「+」という記号を使います。プログラミング言語において、この「+」は「演算子」と呼ばれます。それでは、ブラウザでindex.htmlを開いてみましょう。「1 + 2」の結果である「3」がポップアップ内に表示されていれば、成功です。

》》 コードがうまく動かない場合

■ 数値もしくは「+」を全角で入力していませんか？

　JavaScriptでは数値や記号を全角で入力してしまうと、コードがうまく動作しません。

》》 数値とクォーテーションの関係

　さて、ここで注目しておきたいのは、数値は先の文字列と異なり、クォーテーションで囲わなくてよいという点です。数値をクォーテーションで囲うと文字と見なされ、「+」を実行したときの結果が異なるのです。試しに先ほど書いたscriptタグの中身を以下のように変更し、再度ブラウザでindex.htmlを表示してみましょう。

▽ **コード3-2-2**　　**HTML**　　js_introductory/chapter3/sample_3_2/index.html

～013	(省略)
014	`<script>`
015	`  alert('1' + '2'); //` 変更
016	`</script>`
017～	(省略)

「12」と表示されたのではないでしょうか。

■ **文字列同士を「＋」した場合**

　この結果を不思議に思われるかもしれませんが、「＋」演算子は文字同士も足すことができるのです。しかし、数値同士を「＋」したときとは結果が異なり、文字列の場合は加算ではなく文字の連結が行われます。その結果、「1」と「2」という文字列が連結され、「12」という情報が表示されました。このように一部の演算子は、計算に使用される情報の種類（型）によって結果が異なるのです。

■ **情報の種類による「型」の分類**

　また、JavaScriptにおいて、数値は「Number」、文字列は「String」という「型」に分類されます。

「＋」演算子を使った計算でも、計算に使用する情報の「型」が違うと異なる結果になるんですね。難しいです。

そうだね。馴染みのある算数の「＋」は数値同士の計算でしか使わないものね。プログラミングにおける「＋」は、加算以外の用途でも使用されることをしっかり覚えておこう。

>>> 演算子の種類と半角スペース

　演算子は多数あるので、ここですべてを紹介することはできないのですが、最後に減算／乗算などの四則演算を行うための演算子を紹介します。alert( )の中身を好きな数値と演算子に置き換えて、挙動を確認してみると、演算子の働きがよくわかります。

```
a + b  // 加算
```

```
a - b // 減算
a * b // 乗算
a / b // 除算
```

また、数値と演算子の半角スペースは、以下のように省略しても問題ありません。

```
alert(1+2);
```

半角スペースの有無は、プログラマの好みにもよりますが、多くの場合、コードの可読性向上のため半角スペースを入れます[1]。

まとめ

- プログラミング言語では、計算式で扱う特別な意味をもった記号を「演算子」という
- 多くのプログラミング言語では、文字列同士でも演算式を使用して計算を行うことができる
- 「+」などの演算子は、計算に使用する情報の「型」によってその結果が異なる

※1　本書でも、コードと演算子の間に半角スペースを入れるようにしている。

CHAPTER 3

消費税の計算をしてみよう ―― 変数

Section 03

JavaScriptを書いていると、処理の中で扱う数値や文字列などに名前をつけて管理したいケースが生じます。これを実現するためには、「変数」というものを使用します。変数は以下のように「var」というキーワードの後ろに変数の名前[1]を記載し、「この名前の変数を使うよ」という宣言をすることで、使用することができます。

```
var 変数名;
```

》》 変数の使い方

まずは、コードを書いてみましょう。変数に入れた情報をalertでポップアップとして表示してみます。

1. 「js_introductory/chapter3」フォルダ内に「sample_3_3」という名前でフォルダを作成する
2. HTML/CSSファイルをコピーする

準備ができたら、以下のコードを書いてみましょう。

▽ **コード3-3-1** HTML　js_introductory/chapter3/sample_3_3/index.html

```
001 <!DOCTYPE html>
002 <html lang="ja">
003 <head>
004   <meta charset="UTF-8">
005   <title>知識ゼロからのJavaScript入門 | Chapter3</title>
```

※1　変数名という。

33

```
006    <link rel="stylesheet" href="./style.css">
007  </head>
008  <body>
009    <header class="header">
010      知識ゼロからのJavaScript入門
011    </header>
012    <section class="contents">
013    </section>
014    <script>
015      var apple; // 追加
016      apple = 'リンゴ'; // 追加
017      alert(apple); // 追加
018    </script>
019  </body>
020  </html>
```

index.htmlをブラウザで開いて、「リンゴ」と表示されれば成功です。

それでは、コード3-3-1を解説していきます。

■ 変数の宣言

varというキーワードは変数の宣言を意味することは、すでに述べました。コード3-3-1では、まず「apple」という名前の変数を使うよ、という宣言をしていることになります。

■ 値の代入

次の行では、変数に値を代入しています。今回は「リンゴ」という文字列を代入していますが、これは必ずしも文字列である必要はなく、数値などそのほかの型の値でも代入をすることができます。ちなみに、コード3-3-1では解説のため変数の宣言と値の代入を分けて行っていますが、宣言と代入は、以下のように同時に行うこともできます。

var 変数名 = 値;

■ 代入した値の取り出し

scriptタグ内の最後の行では、変数から情報を取り出してalertで表示をしています。変数に代入した情報は、宣言を行った変数名で取り出すことができます。

》》 変数を利用するメリット

しかし、まだ変数を使用するメリットが見えてきませんね。次は変数のメリットがわかりやすいコードを紹介します。index.html内のscriptタグから先ほど書いたコードを削除し、以下のコードに書き換えてみましょう。

▽ **コード3-3-2**　**HTML**　js_introductory/chapter3/sample_3_3/index.html

```
～013   (省略)
014   <script>
015     alert(100 * 0.08); // 追加
016     alert(500 * 0.08); // 追加
017   </script>
018～   (省略)
```

コード3-3-2は、計算式の左側にある数値の消費税を計算し、alertで表示をします。

■ 変数で変更の手間を減らす

計算自体に問題はないのですが、仮に税率を10%で計算したいと思ったとき、このコードでは以下のように2箇所の変更が必要になります。

```
alert(100 * 0.10); // 変更箇所1
alert(500 * 0.10); // 変更箇所2
```

このコードは、変数を使用することで、税率を変えたくなったときに

必要な変更を1箇所で済ませることができます。それでは、scriptタグの中身を変数を使用したコードに書き換えてみます。

▽ **コード3-3-3**　`HTML`　js_introductory/chapter3/sample_3_3/index.html

~013	（省略）
014	`<script>`
015	`  var tax_rate = 0.08; //` 追加
016	`  alert(100 * tax_rate); //` 変更
017	`  alert(500 * tax_rate); //` 変更
018	`</script>`
019~	省略

　一見してわかりますが、行数は増えてしまいましたね。しかし、このコードで着目すべきは、変数に代入した情報が複数箇所で使いまわせるようになった点です。これにより、税率を変更したい場合の修正が1箇所で済むようになりました。

■ 代入する値だけを変更する

　試しに消費税を10%で計算するようにコードを変更してみましょう。以下のように「tax_rate」の中身を変更すれば、どちらの計算時にも変更が反映されるようになっているはずです。

▽ **コード3-3-4**　`HTML`　js_introductory/chapter3/sample_3_3/index.html

~013	（省略）
014	`<script>`
015	`  var tax_rate = 0.10; //` 変更
016	`  alert(100 * tax_rate);`
017	`  alert(500 * tax_rate);`
018	`</script>`
019~	（省略）

■ 命名による可読性の向上

　また、計算に使用する情報（税率）に名前がついたことにより、この

情報が税率を表していることも明確になりました。変数名には、ほかの人が見たときに「代入されている情報が理解しやすい名前」をつけるように心がけるとよいでしょう。このように変数をうまく活用することで、変更に強く、可読性の高いコードが書きやすくなるのです。

変数って「この名前をつけないとダメ」って決まりはないんですか？

ないよ。ただ、本文中にもあるように、変数に代入された値が「何を表しているのか」がわかりやすい名前をつけるように心がけよう。

まとめ

- 「var」というキーワードは、変数の宣言を意味する
- 変数を使用することで、コード中で扱う情報に名前を付けることができる
- 変数を使用することで、1つの情報を複数箇所で使いまわせるようになり、コードが変更に強くなる
- 変数を使用し、情報に適切な名前をつけることで、コードの可読性が上がる

CHAPTER 3

Section 04
条件に応じて処理を変えてみよう
——if文による条件分岐

　本節では、条件分岐すなわち「条件に応じて実行する処理を変える方法」を紹介します。条件分岐を使用することで、以下の図のように「ある条件を満たせば○○を実行、そうでなければXXを実行」といった具合に、条件に応じた処理の分岐が可能となります。

▽ 図3-4-1

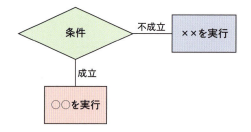

>>> if文の構造

　コード上で条件分岐を行うとき、多くの場合は「if文」という方法を使用します。図3-4-1をif文を使用したコードで表すと、以下のようになります。

```
if (条件式) {
  ○○
} else {
  xx
}
```

「if」に「( )」で渡している条件（条件式）が成立すれば、ifの後ろに続く「ブロック」と呼ばれる「{ }」で囲われた処理「○○」が実行され、不成立なら「else」の後ろに続くブロック内の処理「xx」が実行されます。

■ 真偽値「true」と「false」

条件が成立するか否かは、条件式の結果が真か偽で判断されます。この真偽を表す値を真偽値といいます。真偽値には、「true」と「false」の2パターンがあり、if文において「条件が成立=true（真）」、「条件が不成立=false（偽）」として扱われます。また、真偽値は「Boolean」（ブーリアン）という型に分類されます。

>>> if文の使い方

では、このif文を使用し、前節で書いたコード3-3-4を少し変えてみましょう。税率が10%（tax_rateが0.10）のときとそれ以外で、実行する処理を変えてみます。

▽ **コード3-4-1** | HTML | js_introductory/chapter3/sample_3_3/index.html

~013	（省略）
014	`<script>`
015	`  var tax_rate = 0.10;`
016	`  if(tax_rate == 0.10) { // 追加`
017	`    alert(100 * tax_rate);`
018	`    alert(500 * tax_rate);`
019	`  } else {  // 追加`
020	`    alert('税率を10%にしてください。');  // 追加`
021	`  }  // 追加`
022	`</script>`
023~	（省略）

まずは、修正したindex.htmlをブラウザで開いてみましょう。修正前と同じように100円と500円の消費税がポップアップで表示されていれば

成功です。

■ 演算子「==」

if文に渡している条件式の「tax_rate == 0.10」ですが、「==」は演算子の一つで、左右の値が等しいかを判定し、真偽値を返します。コード3-4-1では、変数「tax_rate」に代入された値が0.10と等しいかを判定しています。

「＝」の数で演算子の意味が変わるんですね！

そうだね。これまで紹介してきた「＝」が含まれる演算子を大きく分けると「＝」が代入で「＝＝」が比較を意味することになるね。

■ 条件が不成立の場合

次に、以下のように「tax_rate」に代入する値を0.08に変更してみましょう。

▽ コード3-4-2　HTML　js_introductory/chapter3/sample_3_3/index.html

~013	(省略)
014	`<script>`
015	`  var tax_rate = 0.08; // 変更`
016	`  if(tax_rate == 0.10) {`
017	`    alert(100 * tax_rate);`
018	`    alert(500 * tax_rate);`
019	`  } else {`
020	`    alert('税率を10%にしてください。');`
021	`  }`
022	`</script>`
023~	(省略)

修正後、再度ブラウザでindex.htmlを開いてみましょう。今度は、先

ほどとは異なり「税率を10%にしてください。」というメッセージがポップアップで表示されたはずです。これは、「tax_rate」の値を0.08に変更したことにより、条件式である「tax_rate == 0.10」の結果が「false」となり、「else」の後ろのブロック内の処理が実行されたことになります。

≫ confirm関数でユーザーに質問する

次にもう一つ条件分岐を使用したコードを書いてみましょう。

1. 新たに「js_introductory/chapter3」フォルダ内に「sample_3_4」という名前でフォルダを作成する
2. 「js_introductory/chapter3/template_3」フォルダからHTML/CSSファイルをコピーする

index.htmlのscriptタグ内に以下のコードを書いてください。

▽ **コード3-4-3** 　**HTML**　 js_introductory/chapter3/sample_3_4/index.html

```
001  <!DOCTYPE html>
002  <html lang="ja">
003  <head>
004    <meta charset="UTF-8">
005    <title>知識ゼロからのJavaScript入門 | Chapter3</title>
006    <link rel="stylesheet" href="./style.css">
007  </head>
008  <body>
009    <header class="header">
010      知識ゼロからのJavaScript入門
011    </header>
012    <section class="contents">
013    </section>
014    <script>
015      confirm('この処理を許可しますか？'); // 追加
016    </script>
017  </body>
018  </html>
```

index.htmlをブラウザで開いてみましょう。alert実行時と同じように「この処理を許可しますか？」というメッセージがポップアップで表示されていれば成功です。しかし、alertとは異なり、ポップアップ内に「OK」「キャンセル」というボタンが表示されていることに注目しましょう。

▽ 図3-4-2

ただし、ここでは、「OK」「キャンセル」のどちらをクリックしても何も起こりません。

■ if文にconfirm関数を組み込む

それでは、これから条件分岐を使用し、「OK」と「キャンセル」それぞれが選択された場合に、異なる処理を実行してみます。scriptタグの中身を以下のように変更してみましょう。

▽ コード3-4-4　　HTML　　js_introductory/chapter3/sample_3_4/index.html

~013	(省略)
014	`<script>`
015	`if(confirm('この処理を許可しますか？')) {` // 追加
016	`alert('OKが選択されました');` // 追加
017	`} else {` // 追加
018	`alert('キャンセルが選択されました');` // 追加
019	`}` // 追加
020	`</script>`
021~	(省略)

それでは、index.htmlをブラウザで開いてみましょう。「この処理を許可しますか？」というポップアップが表示されるところまでは、先ほどと同じです。しかし、「OK」「キャンセル」をクリックすると、以下のようにポップアップが表示されるはずです。

■「OK」クリック時
▽ 図3-4-3

■「キャンセル」クリック時
▽ 図3-4-4

■ confirm関数が返す値

　それでは、コードについて解説します。if文の解説は済んでいるので、ifに条件式として渡しているconfirm関数について解説をしていきます。confirmは、alert同様にJavaScriptがあらかじめ用意してくれている関数の一つです。挙動もalertとよく似ています。しかし、confirmは実行後に真偽値を返す関数であるという点で、alertと異なります。alertの解説時には触れませんでしたが、関数とは必ず何らかの情報を返します[※1]。この関数が返す値を「返り値」といいます。

　どのような値を返すのかは関数によって異なりますが、ここではconfirmが実行後に真偽値を返す関数であるということを抑えておきましょう。confirmの返り値は、「OK」をクリック時は「true」、「キャンセル」をクリックした時は「false」となります。よって、「if」に条件式として渡している「confirm('この処理を許可しますか？')」は、「true」か「false」いずれかの値を返すため、選択された内容に応じて処理を分岐させることが可能となります。

真偽値を返す関数は、条件式としても使えるってことですか？

鋭いね！　厳密にはそうとも言い切れないんだけど、今はその理解でいいと思うよ。

※1　実はalertも値を返すが、その詳細は3-9節（P66参照）に譲る。

COLUMN

複数の条件式で処理を分岐する場合

本節のサンプルコードでは扱いませんでしたが、条件分岐は以下のようにして複数の条件式で処理を分岐させることも可能です。

```
if(条件式1) {
    ○○を実行
} else if (条件式2) {
    □□を実行
} else {
    △△を実行
}
```

2つ目以降の条件式は、上のように「else if (条件式)」と書きます。「else」のブロック内の処理は、どの条件も成立しなかった場合に実行されるため、「else」の処理は条件分岐の最後に書きます。ただし、条件分岐において「else if」と「else」は必須ではありません。ある条件が成立する場合にだけ処理を実行したい場合は、以下のように書くこともできます。

```
if(条件式) {
    ○○を実行
}
```

まとめ

- 条件分岐とは、ある条件に応じて処理を分岐させることを指す
- 多くのプログラミング言語では、if文で条件分岐を行うことができる。
- if文の条件式には真偽値（trueまたはfalse）となる式、ないしは関数を渡す
- 関数は、実行後に何らかの値を返す

CHAPTER 3

Section 05 情報のまとまりを扱ってみよう―配列

プログラミングをしていると、コード上で使用する複数のデータを一箇所にまとめて管理したいことがあります。これを実現するための方法の1つとして、「配列」というものが存在します。

配列とは何か

配列はデータをまとめて扱うための仕組みです。多くのプログラミング言語では、「[ ]」が配列として解釈され、以下のように「[ ]」で囲われたデータが配列が持つデータとして扱われます。また、配列は「Array」（アレイ）という型に分類されます。

```
['リンゴ', 'モモ']
```

配列内に複数のデータを入れる場合は、上記のようにデータを「,」（カンマ）で区切る必要があります。また、配列の中に入れたデータは、以下の図のように0から順に番号[※1]が割り当てられます。

▽ 図3-5-1

配列

0	リンゴ
1	モモ

※1 「インデックス番号」という。

>>> 変数の作成と参照

試しに配列を使用したコードを書いてみましょう。

1.「js_introductory/chapter3」フォルダに「sample_3_5」というフォルダを作成する

2. HTML/CSSをコピーする

準備が整ったら、index.htmlに以下のコードを書いてみてください。

▽ **コード3-5-1** `HTML` js_introductory/chapter3/sample_3_5/index.html

```
001  <!DOCTYPE html>
002  <html lang="ja">
003  <head>
004    <meta charset="UTF-8">
005    <title>知識ゼロからのJavaScript入門 | Chapter3</title>
006    <link rel="stylesheet" href="./style.css">
007  </head>
008  <body>
009    <header class="header">
010      知識ゼロからのJavaScript入門
011    </header>
012    <section class="contents">
013    </section>
014    <script>
015      var fruits = ['リンゴ', 'モモ']; // 追加
016      alert(fruits[0]); // 追加
017      alert(fruits[1]); // 追加
018    </script>
019  </body>
020  </html>
```

index.htmlをブラウザで開いて、「リンゴ」のあとに「モモ」とポップアップで表示されていれば成功です。

■ インデックス番号による参照

　それでは、コードの説明をしていきます。まずは「fruits」という変数に配列を代入しています。コード3-5-1では「リンゴ」と「モモ」という2つの文字列が配列の中に入っています。次の行では、配列内のデータを参照し、alertで表示をしています。配列内のデータを参照するときは、冒頭でも触れた「インデックス番号」を使用し、参照を行います。

▽ 図3-5-2

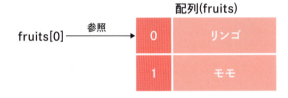

>>> 配列データの内容を変更する

　また、配列はあとからデータを追加したり、既存のデータを内容を変更したりすることもできます。以下のように配列にデータを追加するときは、まだデータが存在していないインデックス番号に対し、追加したい情報を代入します。

```
var fruits = ['リンゴ', 'モモ'];

// データの追加
fruits[2] = 'イチゴ'; // 結果：['リンゴ', 'モモ', 'イチゴ']
```

　また、すでにデータが存在するインデックス番号に対し、代入を行うとデータが変更されます。

```
// データの変更
fruits[1] = 'オレンジ'; // 結果：['リンゴ', 'オレンジ', 'イチゴ']

// 追加／変更後の配列内のデータ
fruits[0] // 'リンゴ'
fruits[1] // 'オレンジ'
fruits[2] // 'イチゴ'
```

なんとなく配列の使い方はわかったんですけど、配列を使うと「何がうれしいのか」がいまいちわからないです。

そうだよね。配列は、そのほかの文法と組み合わせることで、メリットを得られることが多いものなんだ。実用的な例は次の節で紹介するよ！

まとめ

- プログラミング言語には、「配列」という複数のデータを管理できる仕組みが存在する
- 配列内のデータには「インデックス番号」という数値が0から順に割り当てられる
- 配列内のデータは「配列[インデックス番号]」というルールで参照することができる
- 「配列[インデックス番号]」に値を代入することで、配列へのデータの追加／変更が行える

CHAPTER 3

Section 06 情報のまとまりを効率よく表示してみよう①──while文

次は、「イテレート」と呼ばれる、ある処理を繰り返し行うための仕組みについて学んでいきます。しかし、「処理の繰り返し」といわれても、いまいちピンとこないかもしれません。

》》 イテレートとは何か

たとえば、先の節で触れた配列ですが、配列に入れたデータを参照するのに、いちいちインデックス番号を指定するのは、少し面倒に感じます。配列内のデータが2～3個であれば、さほど気にならないかもしれませんが、これが10個となるとどうでしょうか。

配列内のすべてのデータを参照しようとしたら「配列[インデックス番号]」をコード内に10回も書かなければならないのでしょうか。イテレートは、このような処理を効率よく行いたい場合に活躍します。

■ イテレートを実現するwhile文

イテレートを実現するための機能は、JavaScriptに複数存在するのですが、本節ではそのうちの1つ「while文」を紹介します。while文は、以下のように「( )」で渡した条件式を満たす間[1]は、「{ }」内（ブロック）の処理を繰り返し行います。if文同様に条件式の計算結果は、「true」または「false」の真偽値となる必要があります。

```
while (条件式) {
    // 条件を満たした場合に実行する処理
}
```

※1 結果がtrueとなる間のこと。

▽ **図3-6-1**

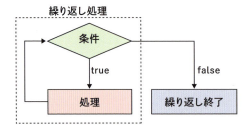

>>> while文の使い方

実際にコードを書いてみましょう。

1. 「js_introductory/chapter3」フォルダに「sample_3_6」というフォルダを作成する
2. HTML/CSSをコピーする

それでは、scriptタグ内に以下のコードを書いてみてください。

▽ **コード3-6-1**　　HTML　js_introductory/chapter3/sample_3_6/index.html

```
001  <!DOCTYPE html>
002  <html lang="ja">
003  <head>
004    <meta charset="UTF-8">
005    <title>知識ゼロからのJavaScript入門 | Chapter3</title>
006    <link rel="stylesheet" href="./style.css">
007  </head>
008  <body>
009    <header class="header">
010      知識ゼロからのJavaScript入門
011    </header>
012    <section class="contents">
013    </section>
014    <script>
```

```
015      var counter = 1; // 追加
016
017      while(counter < 4) { // 追加
018        alert(counter + "回目の処理"); // 追加
019        counter++; // 追加
020      } // 追加
021    </script>
022  </body>
023  </html>
```

index.htmlをブラウザで開いて、「表示回数(1~3)回目の処理」というメッセージが3回ポップアップで表示されていれば、成功です。

■ whileの条件式

それでは、コードについて解説します。まずは、whileに渡している条件式「counter < 4」ですが、これはcounterに代入された数値と4の大小を比べています。「<」は、「比較演算子」と呼ばれる数値の大小の比較に用いられる演算子の一つで、trueまたはfalseを返します。今回の場合、counterの数値が4未満ならtrue、4以上ならfalseということになります。

あれ、待ってください。counterの値は1だから「counter < 4」がfalseになることってないんじゃないですか?

counterが1のままならね。今はモヤモヤするかもしれないけど、続きを読んでみよう。

》》 繰り返しの回数を制限する

コード3-6-1では、「counter < 4」の結果がtrueとなる間は「{ }」内の処理を繰り返します。そうなると「counter」に代入されている値は1な

ので、「counter < 4」は常にtrueとなり、永遠に「{ }」内の処理が繰り返されてしまうのではないでしょうか。

■ 変数を回数計として利用する

そのような事態を防ぐため、「{ }」内の処理の最後に「counter++」を実行しています。「++」は演算子の一つで、「数値++」もしくは「++数値」のように使用し、実行時、横の数値に1を加算します[※1]。そのため、コード3-6-1の場合、whileに与えた条件式は以下のように変化し、4周目で処理が止まるようになっているのです。

▽図3-6-2

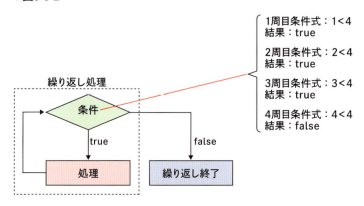

>>> while文で配列を参照する

次に先ほどのコードを修正し、while文の中で配列のデータを参照してみます。

▽ コード3-6-2　HTML　js_introductory/chapter3/sample_3_6/index.html

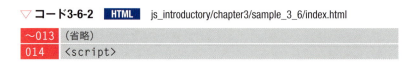

※1　「++」のように、1を加算する演算子は「インクリメント演算子」と呼ばれる。

情報のまとまりを効率よく表示してみよう①——while文　Section 06

```
015    var counter = 0; // 変更
016    var fruits = ['リンゴ', 'モモ', 'ミカン', 'イチゴ'];
       // 追加
017    var limit = fruits.length; // 追加
018    while(counter < limit) { // 変更
019      alert(fruits[counter]); // 変更
020      counter++;
021    }
022  </script>
023～ (省略)
```

　index.htmlをブラウザで開いて、「リンゴ」「モモ」「ミカン」「イチゴ」と順にポップアップで表示されていれば、成功です。

■ **情報の数を取得するlength**

　それでは、コードの解説に入ります。まずは、今回新しく出てきた「length」について解説します。lengthとは配列や文字などの値が持っている「プロパティ」と呼ばれるデータの一つです。少々乱暴な説明になってしまいますが、lengthはある情報の「数」を取得したい場合に使用します。以下のように、数を知りたい情報＋「.length」とすることで、呼び出し元の情報の数を取得することができます。

> **// 文字数を取得する**
> **'リンゴ'.length // 実行結果は3**
>
> **// 配列の数を取得する**
> **['リンゴ', 'モモ'].length // 実行結果は2**

■ **情報の数に合わせて処理を繰り返す**

　index.html内のコードでは、lengthを使用し、「fruits」（配列）に入ってる情報の数を取得し、「limit」という変数に代入しています。修正後のコードでは、配列が持つデータ数分の処理を実行させたいので、配列のデータ数を取得し、変数limitに代入しています。また、counterの値に0

55

を代入している理由ですが、while文中で配列のデータを参照している箇所（fruits[counter]）があります。これは、counterの数値が配列からデータを参照するときに必要なインデックス番号としての役割も果たしていることを意味します。インデックス番号は0から順に配列内のデータに割り当てられるため、counterへ最初に代入している数値も0にしています。インデックス番号は、値が数値であれば変数で渡しても問題ありません。

　このようにイテレートを使用し、処理の中で変化する数値をインデックス番号として渡すことで、配列のデータを効率よく扱うことができるのです。

まとめ

- 「length」は配列や文字列などのデータ数を返す
- 「while」は渡した条件式がtrueとなる間、{ }内の処理を繰り返す
- 配列内のデータはwhile文などを使用すると、効率よく扱うことができる

CHAPTER 3

Section
07

情報のまとまりを効率よく
表示してみよう②——for文

本節では、「for文」というwhile文とは異なるイテレートを紹介します。実は、前節で解説したような配列の繰り返し処理[1]では、while文よりfor文の方が適しているといえます。しかし、while文の方が文法的にはシンプルであるため、先にwhile文を紹介しました。

>>> for文の使い方

今回は、前節で書いた配列のデータを表示する処理をfor文を用いて書いてみます。コードの実行結果や処理の中で扱う情報は前節で書いたコードとほぼ同じ内容になるので、本節では早速コードを書いてみます。

1.「js_introductory/chapter3」フォルダに「sample_3_7」というフォルダを作成する

2. HTML/CSSをコピーする

それでは、scriptタグ内に以下のコードを書いてみてください。

▽ **コード3-7-1** **HTML** js_introductory/chapter3/sample_3_7/index.html

```
001  <!DOCTYPE html>
002  <html lang="ja">
003  <head>
004    <meta charset="UTF-8">
005    <title>知識ゼロからのJavaScript入門 | Chapter3</title>
006    <link rel="stylesheet" href="./style.css">
007  </head>
```

※1　繰り返す数が決まっている処理。

```
008  <body>
009    <header class="header">
010      知識ゼロからのJavaScript入門
011    </header>
012    <section class="contents">
013    </section>
014    <script>
015      var fruits = ['リンゴ', 'モモ', 'ミカン', 'イチゴ'];
       // 追加
016
017      for(var counter=0; counter < fruits.length; coun
       ter++) {  // 追加
018        alert(fruits[counter]);  // 追加
019      }  // 追加
020    </script>
021  </body>
022  </html>
```

　forに渡している「( )」内の情報が「,」(カンマ)ではなく「;」(セミコロン)で区切られている点に注意しましょう。それでは、index.htmlをブラウザで開いてみてください。先ほどと同様に配列のデータがポップアップとして表示されていれば、成功です。

〉〉〉 **for文の構造**

　while文と比べると行数は減っているものの、「( )」内に渡す情報が増えていて少し複雑そうに見えますね。それでは、コード3-7-1と、あわせてfor文について解説します。for文は以下のように使用します。

> **for(初期化式; 条件式; 変化式) {**
> 　**繰り返したい処理**
> **}**

　for文を使用する時は、「( )」内に以下の3つの情報を渡します。それぞ

れの情報は「;」（セミコロン）で区切る必要があります。

■ 初期化式

{ }内（ブロック内）の処理を実行する前に1度だけ実行されます。index.html内に記載したコードでは、counterという変数に0を代入しています。while文ではwhile実行前にcounter変数の宣言と値の代入を行っていましたが、for文の場合は、初期化式でこの処理を行うことができます。

■ 条件式

処理を繰り返すかどうかを判定するための条件です。条件式は、while文でも出てきましたね。while文同様に真偽値の値を返す式を渡す必要があり、trueである限り、ブロック内の処理が繰り返されます。

■ 変化式

処理が繰り返されるたびに実行されます。index.html内に記載したコードでは、ブロック内の処理が実行されるたびに「counter++」が実行されることになります。while文ではブロックの中でこれに相当する処理を行っていましたが、for文の場合は、forに渡す「( )」の中でこの処理を行います。

うーん、forとwhileはどちらも処理を繰り返すための文法だと思うんですけど、どっちを使ったらいいんですか？

いい質問だね！ 確かに機能としてforとwhileが提供するものは同じだね。でも用途が違うんだ。

用途？

本文中にもあるけど、for文は今回のように、あらかじめ「繰り返す回数が決まっている」場合に適してる。対してwhile文は、繰り返す回数が決まっていない（ある条件を満たすまで繰り返す）といった場合に適しているんだ。for文に比べるとwhile文の利用シーンはあまり多くないから、これ以降、イテレートはすべてfor文を使っていくよ。

なるほど！わかりました！

まとめ

- for文は条件を満たすまで、{ }内の処理を繰り返す
- forには「初期化式」「条件式」「変化式」の3つを渡す必要がある
- 初期化式は繰り返したい処理が実行される前に、1度だけ実行される
- 条件式は真偽値を返す必要があり、trueとなる間は処理が繰り返される
- 変化式は処理が繰り返されるたびに実行される
- 回数が決まっている繰り返し処理は、for文が適している

国の首都を表示してみよう—switch文　Section 08

CHAPTER 3

Section 08 国の首都を表示してみよう —switch文

3-4節でif文を用いた条件分岐を紹介しました。実はif文以外でも条件分岐を行うための方法が存在します。本節では、switch文を用いた条件分岐について紹介します。

まずはif文を使用し、変数の値によって異なる情報をalertで表示するコードを書いてみます。

1. 「js_introductory/chapter3」フォルダに「sample_3_8」というフォルダを作成する
2. HTML/CSSファイルをコピーする

それでは、scriptファイル内に以下のコードを書いてみましょう。

▽ **コード3-8-1**　**HTML**　js_introductory/chapter3/sample_3_8/index.html

```
001  <!DOCTYPE html>
002  <html lang="ja">
003  <head>
004    <meta charset="UTF-8">
005    <title>知識ゼロからのJavaScript入門 | Chapter3</title>
006    <link rel="stylesheet" href="./style.css">
007  </head>
008  <body>
009    <header class="header">
010      知識ゼロからのJavaScript入門
011    </header>
012    <section class="contents">
013    </section>
```

61

```
014    <script>
015      var capital = '東京'; // 追加
016
017      if(capital=='東京') { // 追加
018        alert('日本の首都'); // 追加
019      } else if(capital=='ワシントン') { // 追加
020        alert('アメリカの首都'); // 追加
021      } else if(capital=='ロンドン') { // 追加
022        alert('イギリスの首都'); // 追加
023      } // 追加
024    </script>
025  </body>
026  </html>
```

index.htmlをブラウザで開いて「日本の首都」と表示されれば、成功
です。

>>> switch文の構造

次にコード3-8-1をswitch文に変更してみます。switch文での条件分岐
は、以下のように書きます。

```
switch (式){
  case 値1:
    // 何らかの処理
    break;
  case 値2:
    // 何らかの処理
    break;
  default:
    // 何らかの処理
    break;
}
```

>>>62

switchに渡している式とcaseに渡している値を上から順に比較し、合致すればそのcase内の処理を実行します。たとえば、式と値2が合致していれば、「case 値2: 」以下に書かれた処理が実行されます[1]。「default」内の処理は、式がどのcaseにも合致しなかった場合に実行されます。if文でいうところのelseのようなイメージです。ただし、defaultは必須ではないので、省略することもできます。

また、各処理の最後に「break;」とありますが、これはswitch文の終了[2]を意味します。必須ではないのですが、breakがない場合、式と合致したcase以降の処理もすべて実行されてしまうので、ほぼ必須と考えて問題ありません[3]。

>>> switch文の使い方

それでは、コード3-8-1の条件分岐をswitch文に置き換えてみます。先ほどと同じように「日本の首都」と表示されれば成功です。試しにcapitalの値をそのほかの条件に合致するように変更し、期待どおりのメッセージが表示されるか確認してみましょう。

▽ **コード3-8-2**　　`HTML`　　js_introductory/chapter3/sample_3_8/index.html

```
~013   (省略)
014    <script>
015      var capital = '東京'; // 追加
016
017      switch(capital) { // 追加
018        case '東京': // 追加
019          alert('日本の首都'); // 追加
020          break; // 追加
021        case 'ワシントン': // 追加
022          alert('アメリカの首都'); // 追加
023          break; // 追加
024        case 'ロンドン': // 追加
025          alert('イギリスの首都'); // 追加
026          break; // 追加
```

※1　以降の処理は実行されない。
※2　正確には「離脱」という。
※3　詳しくは本節のコラム（P64）参照のこと。

027	} // 追加
028	</script>
029〜	(省略)

■ コードの見栄えと可読性

　行数自体は増えていますが、可読性の面でいえば、「else if」による判定が複数存在していたコードより、見栄えがよくなったのではないでしょうか。if文がさまざまな条件で処理の分岐が可能であることに対し、switch文は式とcaseに渡した値が一致するかという条件のみで処理を分岐します。

　柔軟性という点ではif文の方が使い勝手はよいのですが、2つの値が等しいかという条件で複数の分岐を行う場合、switch文を用いた方が可読性の高いコードとなるケースが多いことを覚えておきましょう。

COLUMN
switch文中のbreakについて

　すでに、switch文中のbreakは、必須ではないと述べましたが、ここで改めてbreakを記載しない場合の挙動について触れておきます。まずは以下のコードを参照してください。

```
switch (式){
    case 値1:
        処理1
    case 値2:
        処理2
    case 値3:
        処理3
}
```

このswitch文を「式と値2が合致する」ケースで考えてみます。コード実行時、まずは処理2が実行されます。ここまでは、問題ないですね。しかし、そこでswitch文が終了するのかと思いきや、次に処理3が実行されます。これは、switch文の仕様であり、ここに挙げたコードでは、条件を満たすcase以降の処理は、すべて実行されます。

あえてこのように処理をさせたい場合であればよいのですが、基本的には条件を満たすcase内の処理を実行したら、そこでcase文を終了したい場合がほとんどでしょう。したがって、たいていの場合はbreakが必須となるのです。

まとめ

- 「値が等しいか」を比べる条件分岐を行うとき、switch文を使用すると可読性が上がる場合がある
- defaultは、式がどの値にも合致しない場合に実行されるが、必須ではない
- 各case内の処理の後ろにbreakを記載しなければ、以降の処理も実行される

CHAPTER 3

偶奇判定をしてみよう
──ユーザー定義関数

　これまでJavaScriptがあらかじめ用意してくれている関数を使用してきました。しかし、関数は自分で作る（定義する）こともできます。自分で定義を行った関数のことを「ユーザー定義関数」といいます。

>>> 関数を定義する手順

　関数の定義を行うには、「function」というキーワードを使用し、以下のように宣言を行う必要があります。

　　function 任意の関数名(仮引数) {
　　　処理
　　}

　functionの後には任意の関数名が続きます。引数を使用したい場合、関数名の後ろの「( )」内に引数として受け取る情報の名前を指定しておく必要があります。これを仮引数といいます。引数を取らない場合も関数名の後ろの「( )」は必須となるので、注意してください。

■ **複数の引数を受け取る**

　また、引数は複数受け取ることもできます。複数の引数を受け取る関数を定義する場合は、以下のように仮引数を「,」で区切ります。

　　function 任意の関数名(仮引数1, 仮引数2, 仮引数3) {
　　　処理

　　　　　　}

関数の名前って何でもいいんですか？

いや、何でもいいというわけではないんだ。これまでに出てきたvar, function, if, for, whileのように、JavaScript内ですでに使用されている名前は、変数／関数などの命名には使えないんだ。

これらは、予約語と呼ばれていて上で挙げたもの以外にも複数あるから、もし気になるようであれば「JavaScript 予約語」で検索して調べてみてね。

なるほど！名前は何でもいいというわけではないんですね。

それと関数は「動作」を表すものだから、基本的に「動詞で始まる名前」にしておくといいよ。その関数が「どのような動作をするのか」がわかりやすい名前を心がけよう。

》》》 ユーザー定義関数の利用

　それでは、実際に関数を定義し、利用してみましょう。

1. 「js_introductory/chapter3」フォルダに「sample_3_9」というフォルダを作成します
2. HTML/CSSファイルをコピーする

　引数で与えられた数値が偶数か奇数かを判定し、結果の真偽値を返す関数を作ってみます。

▽ **コード3-9-1** 　`HTML`　js_introductory/chapter3/sample_3_9/index.html

```html
001  <!DOCTYPE html>
002  <html lang="ja">
003  <head>
004    <meta charset="UTF-8">
005    <title>知識ゼロからのJavaScript入門 | Chapter3</title>
006    <link rel="stylesheet" href="./style.css">
007  </head>
008  <body>
009    <header class="header">
010      知識ゼロからのJavaScript入門
011    </header>
012    <section class="contents">
013    </section>
014    <script>
015      function is_even(number) { // 追加
016        if (number % 2 == 0) { // 追加
017          alert(number + "は偶数です"); // 追加
018        } else { // 追加
019          alert(number + "は奇数です"); // 追加
020        } // 追加
021      } // 追加
022
023      is_even(10); // 追加
024    </script>
025  </body>
026  </html>
```

　index.htmlを開いてみましょう。「10は偶数です」とアラートで表示されれば成功です。

≫≫ ユーザー定義関数の中身

　それでは、順を追って解説していきます。まずはじめに「is_even」という関数を定義をしています。「( )」の中に「number」とありますが、これは、is_evenが使用（実行）される際に受け取る引数の名前（仮引数名）になります。

偶奇判定をしてみよう—ユーザー定義関数　Section 09

■ **剰余演算子による奇数／偶数の判定**

　次に関数の中身を見ていきます。「number % 2 == 0」ですが、「%」も演算子の一つです。「%」は「剰余演算子」と呼ばれ、1つ目の数値を2つ目の数値で割った余りを返します。ここでは、numberの数値を2で割ったときの余りが0か（2で割り切れるか）どうかで奇数／偶数を判定しています。「number % 2」の結果が0の場合はtrue（偶数）、それ以外の場合はfalse（奇数）となり、真偽値が返ります。

　試しに、コード3-9-1にある変数「number」に適当な奇数を代入してみましょう。

is_even(11); // 変更

　再度index.htmlを開くと、結果が変わっているはずです。

COLUMN

関数の返り値について

　3-4節で「関数は必ず何らかの情報を返す」と解説しました。繰り返しになりますが、関数が返す値は「返り値」と呼ばれます。同節で使用したconfirmという関数も真偽値を返していましたね。

　しかし、本節で定義したユーザー定義関数は、どのような値を返しているでしょうか。関数の中で、特に値を返すような処理は書いていません。実は関数は「値を返す」という処理が関数内になければ、「undefined」（未定義値）という値を返します。今まで使用してきたalertもこのundefinedを返しています。不思議に思うかもしれませんが、関数内に値を返却する処理が書かれていなければ、undefinedが返り値となるのです。

　alertのように処理の実行を目的とした関数では、明示的に関数の中で値を返しておらず、undefinedが返り値となります。本節で定義をした関数も同様です。一方、confirmのように関数の返り値を以降

の処理で利用したい場合は、関数内で明示的に値を返すこともできます。

　関数内で値を返す場合は、「return」というキーワードを使用します。以下のようにreturnに返したい値を渡すことで、その値が返り値となり、関数の実行はそこで終了します。

```
return 値;
```

　まだ学習を始めたばかりの人にとってはイメージがつかみづらいかもしれませんが、JavaScriptの関数は「関数内にreturnというキーワードが存在しなければ、undefinedを返す」ということを覚えておきましょう。

まとめ

- 関数は自分で定義することができる
- 関数を作成するときは「function」で宣言を行う
- 「return」は関数の終了と値の返却を行う命令文である
- 関数のコード内にreturnが存在しない場合、その関数は「undefined」（未定義値）を返す

CHAPTER **3**

Section
10

名前の付いた情報のまとまりを
扱ってみよう──オブジェクト

本節では、JavaScriptにおいて非常に重要な文法である、「オブジェクト」をご紹介します。オブジェクトは、複数のデータを一箇所で管理するための箱のようなものです。すでに紹介した配列と少し似ているかもしれません。

》》 オブジェクトとは何か

配列では内部のデータにインデックス番号が割り当てられるのに対し、オブジェクトではインデックス番号の代わりに任意の名前をデータに割り当てることができます。

■ オブジェクトの中身

オブジェクトは、以下のようにして使用することができます。

{データの名前: 値}

「{ }」がオブジェクトの値であることを意味し、「{ }」内部の「任意名前: 値」という情報がオブジェクトが持つデータとなります[1]。

■ プロパティの名前と値

ここからは、実際のコードでオブジェクトを見ていきましょう。

var person = {name: 'Ken', age: 14};

---

[1] ただし、ifやforなどの文法に直接渡している「{ }」はブロックと解釈されるため、オブジェクトとはみなされない。

オブジェクトの値を作成するとき、内部に複数のデータを持たせる場合は、上記のようにデータの間を「,」で区切ります。また、オブジェクトが持つデータは、「プロパティ」と呼ばれます。プロパティの名前は、「プロパティ名」もしくは「キー」、「値」は「バリュー」とも呼ばれることを合わせて覚えておきましょう。オブジェクトからプロパティの値を参照するには、以下2種類の方法があります。

　　オブジェクト['プロパティ名']

　　オブジェクト.プロパティ名

ここまでの解説を図にすると、以下のようになります。

▽ 図3-10-1

>>> オブジェクトのプロパティを参照する

　それでは実際にサンプルコードを書いてみましょう。

1. 「js_introductory/chapter3」フォルダに「sample_3_10」というフォルダを作成する
2. HTML/CSSファイルをコピーする

　それでは、scriptタグ内に以下のコードを書いてみましょう。

▽ **コード3-10-1**　`HTML`　js_introductory/chapter3/sample_3_10/index.html

```
001 <!DOCTYPE html>
002 <html lang="ja">
003 <head>
004   <meta charset="UTF-8">
005   <title>知識ゼロからのJavaScript入門 | Chapter3</title>
006   <link rel="stylesheet" href="./style.css">
007 </head>
008 <body>
009   <header class="header">
010     知識ゼロからのJavaScript入門
011   </header>
012   <section class="contents">
013   </section>
014   <script>
015     var person = {name: 'Ken', age: 14}; // 追加
016     alert('My name is ' + person.name + '. I,m ' + person.age + ' years old.'); // 追加
017   </script>
018 </body>
019 </html>
```

　ブラウザでindex.htmlを開いてみましょう。「My name is Ken. I,m 14 years old.」とアラートで表示されれば成功です。

■ プロパティを取り出して利用する

　コード3-10-1では、まず「person」という変数にオブジェクトを代入しています。そのあと、文字列とオブジェクト内の値を連結し、alertで表示を行っています。alertに与えている引数（文字列）の中に「+」が入っていますね。これは、3-2節で使用した「+」演算子です。ただし、本節では文字列と数値を「+」で繋いでいます。文字列と数値を「+」で繋ぐと、数値は文字列として扱われ、連結されます。そのため、alertを実行すると、オブジェクト内のデータが含まれた文字列が表示されるのです。

≫ プロパティの追加と変更

また、オブジェクトには、以下のようにしてあとからプロパティを追加したり、既存のプロパティを変更することもできます。

▽ **コード3-10-2** **HTML** js_introductory/chapter3/sample_3_10/index.html

~013	(省略)
014	`<script>`
015	`  var person = {name: 'Ken', age: 14};`
016	`  person.name = 'Risa'; // 追加`
017	`  person.gender = 'woman';  // 追加`
018	`  alert(person.name + ' is ' + person.gender); //` 変更
019	`</script>`
020~	(省略)

ブラウザでindex.htmlを開いてみましょう。アラートで表示される情報が「Risa is woman」となっていれば、成功です。

「オブジェクト.プロパティ名」に値を代入することで、呼び出し元のオブジェクトへのプロパティの追加もしくは変更が行えます。値の代入先に指定したプロパティ名がオブジェクト内に存在しなければ追加、既に同名のプロパティが存在していれば、新たに代入された値に変更されます。

≫ プロパティに関数を入れる

また、プロパティには、どのような型の値も入れることができます。驚くかもしれませんが、関数も例外ではありません。試しにalertを実行するための関数をオブジェクト中に入れてみましょう。

名前の付いた情報のまとまりを扱ってみよう——オブジェクト　Section 10

▽ **コード3-10-3**　HTML　js_introductory/chapter3/sample_3_10/index.html

～013	(省略)
014	`<script>`
015	`  var person = {name: 'Ken', age: 14};`
016	`  person.name = 'Risa';`
017	`  person.gender = 'woman';`
018	`  person.display_gender = function() { // 追加`
019	`    alert(person.name + ' is ' + person.gender); //` 追加
020	`  } // 追加`
021	`  person.display_gender(); // 追加`
022	`</script>`
023～	(省略)

　先ほどと同じようにalertで「Risa is woman」というメッセージが表示されれば、成功です。今回追加した「person.display_gender = function()｛…｝」では、alertを実行するための関数を「display_gender」という名前で「person」（オブジェクト）のプロパティに追加しています。このような関数が代入されたプロパティは、「メソッド」と呼ばれます。

　「person.display_gender = function()｛…｝」では、あくまでオブジェクトに対してメソッドの追加をしただけなので、続く「person.display_gender();」で追加したメソッドを呼び出して（実行して）います。

■ **無名関数**

　また、3-9節で関数は「function 関数名() { 処理 }」といった具合に名前をつけて定義を行うと解説しましたが、関数名は必須ではありません。本書では詳細を割愛しますが、名前を持たない関数を「無名関数」といいます。プロパティや変数に関数を代入する場合など、無名関数を使用することはたびたびあるので、覚えておきましょう。

初めてのJavaScript

75

なるほどオブジェクトに属している関数はメソッドと呼ばれるんですね！ということは、alertは関数だけどメソッドではないんですか？

実はalertもメソッドなんだ。

え？ でもalertはオブジェクトに所属していないですよね？

実はalertはwindowオブジェクトというオブジェクトに属しているんだよ。コード中のalertをwindow.alertに書き換えてみて。ちゃんと動作するはずだから。

あ、動きました！

少々乱暴な説明になってしまうけど、windowオブジェクトのメソッドは、実行時オブジェクト名を省略できる特別なオブジェクトなんだ。

COLUMN

プロパティについて

　実は多くのプログラミング言語において、本節で紹介したオブジェクトは、「連想配列」と呼ばれます。その理由は本書では割愛しますが、JavaScriptとそのほかの言語において「{名前: 値}」という形式で書かれるコードは、基本的にその役割が異なるのです。

　また、3-6節で出てきたlengthを覚えていますか。実は、JavaScriptにおいて、「Array」や「String」もオブジェクトとして扱われるため、lengthなどの複数のプロパティを持っているのです。JavaScriptで扱うデータは、大きく分けると「プリミティブ型」と「オブジェクト型」の2種類に分類されます。

▽ 図3-10-2

プリミティブ型	オブジェクト型
文字列 数値 真偽値 undefined …etc	String Number Array Object …etc

　このように、配列はオブジェクト型のデータに分類されるため、あらかじめプロパティを持っているのです。一方、プリミティブ型に分類される文字列は、プロパティを持ちません。しかし、なぜプリミティブ型に分類される文字列が、lengthというプロパティを持っていたのでしょうか。

　少々複雑な話になってしまいますが、文字列は特別な性質を持っており、「文字列.プロパティ」といった具合に文字列からプロパティの参照を行うと、プリミティブ型からオブジェクト型（String）に変換されます。また、数値もプロパティ参照時、オブジェクト型

（Number）に変換されます。そのため、「文字列.プロパティ名」とすることで、Stringオブジェクトが持っているプロパティが参照可能となるのです。

まとめ

- JavaScriptでは「{}」で囲まれた情報がオブジェクトとなる
- オブジェクト内のデータを「プロパティ」という
- オブジェクトから値を取り出すには、「オブジェクト.プロパティ名」もしくは「オブジェクト[プロパティ名]」とする
- 関数もオブジェクトのプロパティとして持たせることができる
- 関数が入っているプロパティは「メソッド」と呼ばれる

CHAPTER

4

開発者ツールの
利用

次章以降の応用課題に入る前に、本書推奨ブラウザであるGoogle Chromeの開発者ツールについて触れておきます。開発者ツールは、プログラムが期待どおりに動作しないときなどに重宝するツールです。次章以降を効率的に進めるためにも、本章で紹介する機能を押さえておきましょう。

開発者ツール上でJavaScriptを実行してみよう

CHAPTER 4
Section 01

　開発者ツールを使用すると、ブラウザ上で直接JavaScriptを実行することができます。本書は、Google Chrome（以下、Chrome）がJavaScriptの実行環境であることを前提としているため、Chromeに備わっている開発者ツールを使用し、デバッグを効率よく行うための方法を紹介します。開発者ツールを起動して、ブラウザ上でalertを実行してみましょう。

　なお、詳細は割愛しますが、Chrome以外のブラウザにも同じようなことができるツールが搭載されています。

>>> Chromeで開発ツールを起動する

　まずは、Chromeの開発者ツールを起動してみましょう。使用しているOSがmacOSの場合は「Option」+「Command」+「j」キー、Windowsの場合は「F12」もしくは「Ctrl」+「Shift」+「j」キーを押すと、図4-1-1のように開発者ツールが起動します。開発者ツールのメニューバーで「Console」という項目が選択されていることを確認しておきましょう。

▽ **図4-1-1**

>>> ConsoleからJavaScriptを実行する

次に、Console上に「alert('Hello')」と入力し、「Enter」キーを押してみましょう。

▽ **図4-1-2**

alertが実行され、ポップアップが表示されれば、成功です。

>>> Consoleを使うメリット

ConsoleからJavaScriptが実行できると、どんなメリットがあるのでしょうか。

たとえば、コードを書き始める前に、alertのような組み込み関数などの挙動を確認できることがメリットとして挙げられます。Console上で手軽に実行できる処理は、事前に実行結果を把握しておくことで、本当に期待どおりの結果になるのかを確認することが可能です。特に初めて使用する関数などは事前にConsole上から動作チェックをしておくことで、思わぬバグ[※1]を回避できることもあるので、覚えておきましょう。

※1 プログラマの「こうなるはず」という期待と、実際の処理結果が異なる場合に生じるエラー。

まとめ

- ブラウザには開発者ツールが備わっている
- 開発者ツールではConsoleからJavaScriptが実行できる
- コードを書き始める前に関数などの挙動を確認できる
- あらかじめ動作チェックをしておけば、思わぬバグを回避できる

開発者ツールを使用したデバッグ方法を知ろう　Section 02

CHAPTER 4

Section
02

開発者ツールを使用した
デバッグ方法を知ろう

JavaScriptは、文法ミスなどでコードがうまく実行できなかったとき、その原因をエラーメッセージとしてブラウザに出力します。本節では、開発者ツール上でのエラーメッセージの確認方法やその解決方法について説明します。

〉〉〉 エラーメッセージを確認する

まずは、Console上で以下のコードを実行してみてください。alertで「Hello」という文字列を表示するためのコードですが、以下のコードにはバグがあるため、うまく動作しないはずです。まずは試してみてください。

▽ **コード4-2-1**　　`JavaScript`

```
001  alert(Hello)
```

alert実行後、ポップアップは表示されず、Console上に図4-2-1のように赤文字でエラーメッセージが出力されているはずです。

開発者ツールの利用

▽ 図4-2-1

　HTMLファイルやJavaScriptファイルに書かれたJavaScriptコードも、実行に失敗すれば、Consoleにエラーメッセージが出力されます。したがって、JavaScriptのコードがうまく動作しない場合は、まずはConsole上にエラーメッセージが出力されていないか確認しましょう。

⫸⫸⫸ エラーメッセージを読み解く

　次に、「エラーメッセージからどのように問題を解決するのか」という点について触れておきます。エラーが発生した際、Console上には複数の情報が表示されますが、重要なのは「Uncaught ReferenceError: Hello is not defined」の部分です。「Uncaught」は「プログラムを正しく実行できなかった」[※1]という意味があり、ほとんどのエラーメッセージの先頭に記載されています。続く「ReferenceError」は「変数の参照が行えなかったときに発生するエラー」を意味しています。そして最後の「Hello is not defined」がエラーの具体的な原因を表す一文となります。図4-2-1の例では、「Helloが未定義」であることがエラーの原因だとわかります。

※1　厳密にいうと、この事象は「例外」と呼ばれるものだが、ここでは説明を簡略化した。

開発者ツールを使用したデバッグ方法を知ろう　Section 02

〉〉〉 エラーメッセージから原因を探る

　ここまでの情報を整理すると、「Helloという変数が未定義のため、参照が行えない」ことがエラーの原因ということになります。「alert(Hello)」の実行時、なぜこのエラーが発生してしまうかというと「Hello」をクォーテーションで囲み忘れていることが原因です。「Hello」を文字列としてalertに渡しているつもりが、クォーテーションで囲まれていないため、JavaScriptが「Hello」を変数と解釈しています。しかし、Helloという変数は宣言／定義を行っていないため、このエラーが発生していました。

　このように、エラー発生時はまずエラーメッセージの意味を確認する習慣をつけておきましょう。エラーメッセージの意味を検索エンジンなどで調べていくことで、解決の糸口が見つかることもあります。

〉〉〉 ファイルのコードのエラー

　ファイルに記載したJavaScriptでエラーが発生した場合は、どのファイルの何行目でエラーが発生しているのかもConsoleに出力されます。

▽ 図4-2-2

　図4-2-2は、HTMLファイル上のscriptタグから「alert(Hello)」を実行し

た場合にConsole上に出力されるエラーメッセージです。エラーの内容自体は、図4-2-1と変わりありませんが、エラーが発生しているファイルの情報と行数が出力されていることがわかります。

■ **エラーが発生した行へジャンプする**

Console上のファイル名をクリックすると、図4-2-3のようにファイル内のエラーが発生している行にジャンプすることができるので、覚えておきましょう。

▽ **図4-2-3**

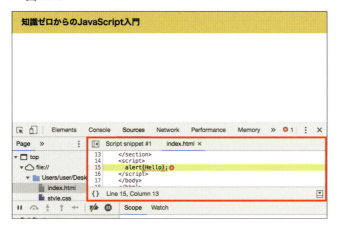

私、英語が苦手なので、エラーメッセージが出るとギョッとしちゃいそうです。

エラーメッセージでは基本的にそこまで難しい文法は使われていないんだよ。見慣れない単語が多いから難しく感じるかもしれないけど、そのエラーが「どのような場合に発生するのか」を押さえるために、意味を知っておく必要があるんだ。

うぅ、頑張ります。

開発者ツールを使用したデバッグ方法を知ろう　Section 02

>>> エラー発生時のデバッグの基本

　開発者ツールは、開発時に非常に重宝するツールなので、本書のサンプルコードを書くときにも積極的に使ってみてください。また、繰り返しとなりますが、エラーが発生した際には、あわてずに以下の手順でデバッグを行うように心がけましょう。

まとめ

- 英語のエラーメッセージの意味を理解する
- 失敗した行を見てみる
- 検索エンジンでエラーメッセージを調べる

COLUMN

コード上からConsoleへの出力を行う場合

　本節では、ブラウザ上からJavaScriptを実行するためにConsoleを使用しました。このほかに、コード上からConsoleに情報を出力することもできます。コード上に以下のように記述することで、logメソッドの引数に渡した値がConsoleに出力されます。

```
console.log(出力したい情報)
```

　実例は次ページのコラムに譲りますが、コードがうまく動作しないときに重宝するメソッドなので、覚えておきましょう。

COLUMN

エラーが発生しないバグについて

　本節では、エラー発生時のデバッグ方法を中心に開発者ツールの使い方を紹介しました。しかし、プログラミングをしていると、時折エラーが発生しないバグに見舞われることもあります。まずは、以下のコードを見てください。

```
var fruits = ['リンゴ', 'モモ', 'バナナ'];
if(fruits.length > 3) {
    alert('フルーツは3つ以上あります');
}
```

　このコードは配列の中に3つ以上の情報があれば、alertが実行されることを期待し、書かれたコードです。しかし、このコードでは、alertは実行されません。どういうことでしょうか。

　このコードは、配列個数が3つ以上なら「fruits.length > 3」の実行結果がtrueとなることを期待して書かれています。配列内にも3つの情報が入っています。一見問題なさそうに思えますが、何が原因でalertが実行されないのでしょうか。

　この原因は、「>」演算子にあります。「>」演算子は、数値の大小を比較し真偽値を返しますが、左の数値が右の数値より大きくなければ、falseを返します。つまりfruits.lengthが3では上記の条件に合致せずにfalseが返ります。条件式をfruits.lengthが3以上としたい場合には、以下のように「>=」演算子を使用します。

```
fruits.length >= 3
```

　条件式内の演算子を「>=」に変更すると、このコードは期待どお

りに動作します。

　このように、文法的には正しくても、私たちの誤認識やちょっとしたミスでコードが動作しなくなることは頻繁にあります。コードを目視したとき、すぐにバグの原因に気づけばいいのですが、「これであっているはずなのに」という先入観が強く働いてしまうと、例にあげたようなちょっとした文法のミスを見つけられないこともあります。

　そのような場合に「console.log」を使用し、以下のようにどこまでコードが期待どおりに実行されているのかを確認することで、解決の糸口がつかめることがあります。先ほどのうまく動作しないコードの中に、「console.log」を入れてみます。

```
var fruits = ['リンゴ', 'モモ', 'バナナ'];
console.log(fruits.length);
if(fruits.length > 3) {
    console.log(fruits.length);
    alert('フルーツは3つ以上あります');
}
```

　このコードを実行すると1つ目の「console.log」で出力を行っている「fruits.length」の結果が1回Console上に出力されます。この結果から条件分岐のブロック内の処理が実行されていないことがわかります。処理が実行されていれば、2回「fruits.length」の結果が表示されるはずです。そうなると「条件式が期待どおりの結果になっていないのではないか？」と原因にあたりをつけることができます。

　もし今後、エラーが発生していないにも関わらずコードがうまく動作しないときには、「どこまで処理が実行されているのか」「計算結果は期待どおりになっているのか」といったことを確認するため、「console.log」を活用してみてください。

»» 90

CHAPTER
5

実践JavaScript プログラミング

本章は、これまでの応用編です。新たに出てくる「DOM操作」や第3章で紹介した「基本文法」を組み合わせたサンプルプログラムを作成します。プログラムがうまく動作しないときは、第4章で取り上げた開発者ツールを積極的に利用してみましょう。

CHAPTER 5

JavaScriptを書く
準備をしよう

　まずは、「js_introductory」内に本章のコードを管理するための「chapter5」というフォルダを作成しましょう。すでに本書のサンプルコード一式をダウンロードしている場合は、ファイル／フォルダの作成は不要です。

▽ **図5-0-1**

　次に、「js_introductory/chapter5」内に「template_5」というフォルダを作成しましょう。

▽ **図5-0-2**

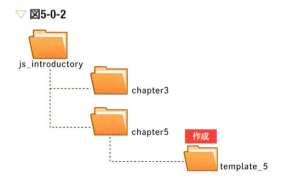

次に、「js_introductory/chapter5」内の「template_5」フォルダの中に、以下のファイルを作成しましょう。

▽ **図5-0-3**

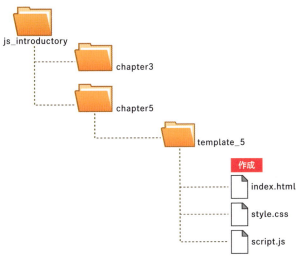

本章からJavaScriptは外部ファイルに記述していくため、「script.js」というJavaScriptファイルを作成します。

▽ **コード5-0-1**　**HTML**　js_introductory/chapter5/template_5/index.html

```html
001 <!DOCTYPE html>
002 <html lang="ja">
003 <head>
004   <meta charset="UTF-8">
005   <title>知識ゼロからのJavaScript入門 | Chapter5</title>
006   <link rel="stylesheet" href="./style.css">
007 </head>
008 <body>
009   <header class="header">
010     知識ゼロからのJavaScript入門
011   </header>
```

```
012    <section class="contents">
013    </section>
014    <script src="./script.js"></script>
015  </body>
016  </html>
```

▽ コード5-0-2　**CSS**　js_introductory/chapter5/template_5/style.css

```
001  html, body, div, header, section, p, span, form, lab
     el button {
002    margin:0;
003    padding:0;
004    border:0;
005  }
006
007  .header {
008    background-color: #F9D535;
009    padding: 15px 30px;
010    font-size: 24px;
011    font-weight: 600;
012  }
013
014  .contents {
015    padding: 30px;
016  }
017
018  #counter {
019    font-size: 30px;
020    margin-right: 30px;
021  }
022
023  .button {
024    padding: 10px 20px;
025    border-radius: 5px;
026    font-size: 16px;
027    font-weight: 600;
028    background-color: #F9D535;
029  }
030
```

JavaScriptのコードの記述は次節以降で行うので、ここでは「js_introductory/chapter5/template_5/script.js」はファイルの作成のみを行ってください。これで本章を進める準備が整いました。

CHAPTER **5**

Section
01

HTMLのテキスト情報を
変更してみよう

本節では、JavaScriptを使用し、HTML要素のテキスト情報を変更する
方法を説明します。「js_introductory/chapter5」内に「sample_5_1」と
いうフォルダを作成し、「js_introductory/chapter5/template_5」の中に
あるファイル一式をコピーしましょう。

準備ができたら、JavaScriptで「p」タグ内に「Hello JavaScript」と
いうテキストを挿入します。

▽ **コード5-1-1**　`HTML`　js_introductory/chapter5/sample_5_1/index.html

```
001  <!DOCTYPE html>
002  <html lang="ja">
003  <head>
004    <meta charset="UTF-8">
005    <title>知識ゼロからのJavaScript入門 | Chapter5</title>
006    <link rel="stylesheet" href="./style.css">
007  </head>
008  <body>
009    <header class="header">
010      知識ゼロからのJavaScript入門
011    </header>
012    <section class="contents">
013      <p id="text"></p> // 追加
014    </section>
015    <script src="./script.js"></script>
016  </body>
017  </html>
```

≫96

HTMLのテキスト情報を変更してみよう Section 01

▽ **コード5-1-2** `JavaScript` js_introductory/chapter5/sample_5_1/script.js

```
001  var el = document.getElementById('text'); // 追加
002  el.innerHTML='Hello JavaScript'; // 追加
```

記述できたら、index.htmlをブラウザで開いてみましょう。「Hello JavaScript」と表示されれば成功です。

>>> テキストが表示される仕組み

それでは、「script.js」内のコードについて解説していきます。まず、「document.getElementById('text');」では「text」という名前のidを持った要素情報を取得しています。「document」はJavaScriptにもともと用意されているオブジェクトの1つで、「getElementById」は、documentオブジェクトのメソッドということになります。

そして、「getElementById」の実行結果として、JavaScriptからDOMを操作するためのオブジェクト（Elementオブジェクト）が返り、それを変数「el」に代入しています。「innerHTML」は、Elementオブジェクトが持つプロパティの一つで、要素が持つ情報[1]を参照したり、変更したりすることができます。

今回はgetElementByIdで取得した要素のテキスト情報を変更したいので、「el.innerHTML」に新たに文字列を入れています。

■ 返り値「null」

「getElementById」についてもう少し掘り下げると、引数に指定したidを持った要素がHTML上に存在しなかった場合、この関数の実行結果はどうなるでしょうか。正解は、「null」という空の状態を表す値が返ります。

試しに「getElementById」に引数として渡している値を「text」から「txt」に変更してみましょう。その状態でindex.htmlを開くと「Hello JavaScript」が表示されなくなるはずです。なぜなら、txtというidを持っ

※1　要素ノードやテキストノード。

97

た要素は存在しないため、変数「el」の値は「null」となります。「null」
という値はプロパティを持たないため、innerHTMLプロパティの参照で
エラーが発生し、うまく動作しないのです。

　このように、関数によっては「null」という値が返り値となる場合もあ
り、それが原因で思わぬバグが発生してしまうことがあることを覚えて
おきましょう。

COLUMN
class名やタグ名での要素取得について

　本節では、id名から要素情報を取得する方法を紹介しましたが、
JavaScriptではclass名やタグ名を使用して要素情報を取得すること
も可能です。

　class名で要素情報を取得する場合は「getElementsByClassName」
メソッド、タグ名では「getElementsByTagName」メソッドで要素
情報を取得することができます。

　ただし、HTMLにおける「class」と「タグ」は、「id」とは異な
り、1つのHTMLファイルの中に同名のものが複数存在し得る情報で
す。そのため、getElementByIdがElementオブジェクトを返すのに
対し、「getElementsByClassName」と「getElementsByTagName」
の2つのメソッドは、HTMLCollectionという、複数のElementオブ
ジェクトが格納された「配列によく似た値」を返します。

　HTMLCollection内のElementオブジェクトを参照／操作しようと
思った場合、HTMLCollectionから値を取り出す必要があります。た
とえば、「btn」というclass名を持った要素内の情報（テキストノー
ドなど）をConsoleに表示したいと思った場合、以下のように書か
ねばなりません。

```
var btns = document.getElementsByClassName('
btn'); // 返り値はHTMLCollection
```

```
for(var i = 0; i < btns.length; i++) {
    var el = btns[i]; // HTMLCollection内のFlem
entオブジェクト
    console.log(el.innerHTML);
}
```

　このコードからもわかるとおり、HTMLCollectionはlengthプロパ
ティでデータの数を取得できたり、中のデータ（Elementオブジェ
クト）にインデックス番号が割り当てられていたりするなど、配列
とほぼ同じように扱えます。本章のサンプルにおいて、要素情報の
取得を「getElementById」で行っているのは、なるべく上のような
for文をサンプルコードの中から排除し、コードをシンプルにした
かったという理由があります。しかし、今後みなさんがJavaScript
を書いていく中で、class名やタグ名で要素情報を取得したいシチュ
エーションもあるでしょう。そのときは、このコラムで述べたこと
を思い出してください。

まとめ

- JavaScriptで要素の取得を行うときは、documentオブジェクトの持つメソッドを使用する
- id情報を使用して要素の取得を行う場合は、「getElementById」を使用する
- HTML上の要素を扱うためのオブジェクトを、Elementオブジェクトという
- 「getElementById」は、該当する要素が存在しない場合、「null」を返す
- 「null」は空を表す値である
- 「null」はオブジェクト型の値ではないので、プロパティを持たない

li タグを作成してみよう　Section 02

CHAPTER 5

Section
02
li タグを作成してみよう

本節では、配列の情報を使用し、JavaScriptでli要素を作成してみましょう。

1. 「js_introductory/chapter5」フォルダ内に「sample_5_2」というフォルダを作成する
2. 「js_introductory/chapter5/template_5」フォルダの中にあるファイル一式をコピーする

▽ コード5-2-1　　HTML　js_introductory/chapter5/sample_5_2/index.html

```html
001 <!DOCTYPE html>
002 <html lang="ja">
003 <head>
004   <meta charset="UTF-8">
005   <title>知識ゼロからのJavaScript入門 | Chapter5</title>
006   <link rel="stylesheet" href="./style.css">
007 </head>
008 <body>
009   <header class="header">
010     知識ゼロからのJavaScript入門
011   </header>
012   <section class="contents">
013     <ul id="fruit_list"></ul> // 追加
014   </section>
015   <script src="./script.js"></script>
016 </body>
017 </html>
```

次に、前回同様にJavaScriptを書いていきます。本節の最終目的は、配

101

列からli要素を生成することですが、まずはJavaScriptでli要素を作成するところから始めましょう。

▽ **コード5-2-2**　`JavaScript`　js_introductory/chapter5/sample_5_2/script.js

```
001  var ul = document.getElementById('fruit_list'); //
     追加
002  var li = document.createElement('li'); // 追加
003  var text = document.createTextNode('リンゴ'); // 追加
004
005  li.appendChild(text); // 追加
006  ul.appendChild(li); // 追加
```

　この状態でindex.htmlをブラウザで開いてみましょう。ブラウザに「・リンゴ」と表示されていれば成功です。

》》 情報が表示される仕組み

　それでは、コードの解説をしていきます。まず1行目ですが、ここでは、5-1節でも出てきた「getElementById」を使用し、id情報からul要素の取得を行っています。

　次に、今回追加するli要素を作成します。前節でも説明したとおり、JavaScript上でのDOMの変更や情報の取得は、多くの場合、Elementオブジェクトを介して行います。今回追加するli要素は、JavaScript上で作成するため、2行目の「createElement(要素名)」でElementオブジェクト（li要素）の作成を行っています。

　さらに3行目では、li要素のテキスト情報を作成しています。2行目ではあくまで、li要素の作成を行っただけであり、要素のテキスト情報は、別途「createTextNode(テキスト情報)」で作成する必要があるのです。

　5行目では、先ほど作成したテキスト情報をli要素（Elementオブジェクト）のテキストとして、「appendChild」を使って追加しています。「appendChild」はElementオブジェクトが持っているメソッドで、呼び出し元となっているli要素（Elementオブジェクト）のテキスト情報を追

加します。ここまでの処理で、li要素として表示したいElementオブジェクトの作成ができました。

最後に、すでにHTML上に存在しているul要素（1行名で作成した変数ulの中身）の子要素として、先ほど作成したli要素を追加します。子要素の追加には、先ほども出てきた「appendChild」を使用します。5行目の「ul.appendChild(li)」が実行されると、ul要素の子要素としてli要素が追加されるので、ブラウザのページ上から追加した要素が確認できるはずです。

》》 配列の情報を順番に表示する

次に、コード5-2-2を配列からli要素を生成するように書き換えてみましょう。script.jsのコードを以下のように変更します。

▽ **コード5-2-3**　`JavaScript`　js_introductory/chapter5/sample_5_2/script.js

```javascript
001  var fruits = ['リンゴ', 'モモ', 'バナナ']; // 追加
002  var ul = document.getElementById('fruit_list');
003
004  for(var cnt = 0; cnt < fruits.length; cnt++) { // 追加
005    var li = document.createElement('li');
006    var text = document.createTextNode(fruits[cnt]); // 変更
007    li.appendChild(text);
008    ul.appendChild(li);
009  } // 追加
```

index.htmlを開いてみましょう。ブラウザに「・リンゴ」「・モモ」「・バナナ」と表示されていれば成功です。

では、順を追って解説します。まず1行目は、liとして表示したい情報の配列を宣言しています。2行目では、先ほどと同じようにli要素の出力先にあたるul要素の取得を行っています。

次に、4行目からのfor文の中身を見ていきましょう。5〜8行目は、修

正前とほぼ変わりませんが、li要素のテキスト情報作成時に実行している
「document.createTextNode」へ渡している引数を配列から参照していま
す。これでfor文の中でli要素の作成とul要素への追加ができるようになり
ました。

今回のコードでは、配列とfor文を使用して要素の作
成をしていると思うんですけど、for文を使わない場
合は、作りたい要素の数だけ「createElement」
や「createTextNode」を書かないといけないこ
とになるんですか？

そうだね。今はその理解でいいと思うよ。同
じような処理を繰り返す場合は、今回のよう
に配列やfor文を積極的に使っていくことで、
冗長なコードを書かずに済むことが多いんだ。

まとめ

- JavaScriptではHTML要素（DOM）の生成が可能である
- 「document.createElement('要素名')」で要素を扱うための
  Elementオブジェクトの作成ができる
- 要素のテキスト情報は、「createTextNode('テキスト情報')」で生
  成できる
- 「appendChild」は、ある要素に対して子にあたる情報（要素や
  テキスト情報など）を追加することができる

CHAPTER **5**

Section
03

ボタンクリック時に
ポップアップを表示してみよう

WEBサイトあるいはWEBサービスが利用されているとき、実はブラウザ上でさまざまなイベントが発生しています。イベントが発生するタイミングはいろいろありますが、ページ上にあるボタンのクリックなど、ユーザーによる操作が行われたタイミングでもイベントは発生します。このようにユーザー操作によって発生するイベントは「ユーザーイベント」と呼ばれます。

本節では、ブラウザ上でユーザーイベントが発生したタイミングで、何らかの処理を実行するためのコードを書いてみましょう。

ユーザーイベント発生時に特定の処理を実行する

JavaScriptでは、何らかのイベントが発生したときに実行したい処理を事前に登録しておくことができます。上に挙げたページ上のボタンのクリックもそうですが、ユーザー操作が行われるタイミングをプログラマが知ることはできません。しかし、事前に「このイベントが発生したら、この処理を実行してね」といった処理を登録しておくことは可能です。そのおかげで、イベント発生時に任意の処理を実行させることができるのです。

この説明だけでは、何をしたらいいのかピンとこないかもしれませんが、まずはサンプルプログラムを作ってみましょう。

1. 「js_introductory/chapter5」フォルダ内に「sample_5_3」というフォルダを作成する

2. 「js_introductory/chapter5/template_5」フォルダの中にあるファ

イルー式をコピーする

　本節では、ボタンをクリックしたタイミングでポップアップを表示したいので、まずは以下のコードを記述してください。

▽ **コード5-3-1**　`HTML`　js_introductory/chapter5/sample_5_3/index.html

```
001  <!DOCTYPE html>
002  <html lang="ja">
003  <head>
004    <meta charset="UTF-8">
005    <title>知識ゼロからのJavaScript入門 | Chapter5</title>
006    <link rel="stylesheet" href="./style.css">
007  </head>
008  <body>
009    <header class="header">
010      知識ゼロからのJavaScript入門
011    </header>
012    <section class="contents">
013      <button id="alert_btn">アラートを出すよ</button> //
       追加
014    </section>
015    <script src="./script.js"></script>
016  </body>
017  </html>
```

▽ **コード5-3-2**　`JavaScript`　js_introductory/chapter5/sample_5_3/script.js

```
001  var btn = document.getElementById('alert_btn'); //
       追加
002  btn.addEventListener('click', function(){ // 追加
003    alert('ボタンがクリックされたよ') // 追加
004  }); // 追加
```

　index.htmlをブラウザで開いて、ボタンをクリックしてみましょう。「ボタンがクリックされたよ」と表示されれば成功です。

>>> イベント名とリスナー

それでは、コードについて解説します。まず、「script.js」の1行目では、ボタンの要素情報を取得しています。2行目では、「addEventListener」というメソッドを使用し、ユーザーがボタンをクリックしたときに実行したい処理を登録しています。

もう少し詳しく「addEventListener」について見ていきましょう。「addEventListener」は以下のようにして使います。

EventTarget.addEventListener(イベント名, リスナー);

すみません。「リスナー」って何ですか？

あ、そうだね。説明を忘れるところだった。「addEventListener」にはイベントが発生したときに実行して欲しい処理を関数として渡す必要がある。「リスナー」は、この「addEventListener」に渡す関数のことを指しているんだ。

「script.js」では、上記が以下のように書かれています。

ボタン要素のElementオブジェクト.addEventListener(クリック, ボタンクリック時に実行したい処理);

「EventTarget」には、利用シーンに応じた種類のオブジェクト（document、window、Elementなど）が入ります。今回のようにElementオブジェクトの場合もあれば、それ以外のオブジェクト（documentなど）の場合もあります。

次に「addEventListener」へ渡している引数の情報について解説します。まず、第一引数として渡しているイベント名ですが、「script.js」で

は「click」という文字列を渡しています。実は、この「click」がブラウザ上で何らかの要素がクリックされたときに、発生するイベントの名前なのです。「addEventListener」へは、イベント名を文字列として引数で渡す必要があるため、クォーテーションで囲んでいます。イベントは、「click」以外にも複数の種類があるのですが、そのほかのイベントについては別の章で紹介します。

次に第二引数ですが、ここには「リスナー」と呼ばれる関数を渡しています。すでに説明しましたが、リスナーとは、第一引数のイベント発生時に実行される処理を指します。また、リスナーのような「何らかのイベント発生時に実行するために、引数として渡される関数」はコールバック関数とも呼ばれるので、覚えておきましょう。

まとめ

- WEBページの閲覧中、ブラウザではさまざまなイベントが発生している
- ボタンのクリックなどのユーザー操作により発生するイベントは、「ユーザーイベント」と呼ばれる
- JavaScriptでは、イベント発生時に実行したい処理を事前に登録しておくことができる
- イベント発生時に実行したい処理を登録するための関数として「addEventListener」がある

現在時刻を表示してみよう　Section 04

CHAPTER 5

Section
04 現在時刻を表示してみよう

　本節では、「Date」というオブジェクトを使用し、ブラウザ上で動く
デジタル時計を作ってみます。

1. 「js_introductory/chapter5」フォルダ内に「sample_5_4」という
　フォルダを作成する
2. 「js_introductory/chapter5/template_5」フォルダの中にあるファ
　イル一式をコピーする

　まずは、Dateオブジェクトとそのメソッドを使用し、ブラウザのペー
ジ上に現在時刻を表示するコードを書いていきましょう。

▽ **コード5-4-1**　**HTML**　js_introductory/chapter5/sample_5_4/index.html

```
001  <!DOCTYPE html>
002  <html lang="ja">
003  <head>
004    <meta charset="UTF-8">
005    <title>知識ゼロからのJavaScript入門 | Chapter5</title>
006    <link rel="stylesheet" href="./style.css">
007  </head>
008  <body>
009    <header class="header">
010      知識ゼロからのJavaScript入門
011    </header>
012    <section class="contents">
013      <p id="time_el"></p> // 追加
014    </section>
015    <script src="./script.js"></script>
```

実践JavaScriptプログラミング

109

```
016    </body>
017    </html>
```

▽ **コード5-4-2**　`JavaScript`　js_introductory/chapter5/sample_5_4/script.js

```
001    var time_el = document.getElementById('time_el'); //
       追加
002
003    var date = new Date(); // 追加
004    var hour = date.getHours(); // 追加
005    var min = date.getMinutes(); // 追加
006    var sec = date.getSeconds(); // 追加
007    time_el.innerHTML = hour+':'+min+':'+sec; // 追加
```

　index.htmlをブラウザで開き、現在時刻が表示されていれば成功です。

≫≫ 現在時刻の時／分／秒を取得して連結する

　それでは、コードについて解説します。1行目は、時刻を表示するための要素を取得しているだけなので、問題ないでしょう。

　次の3行目では、JavaScriptで日時に関する情報を扱うため、Dateというオブジェクトの初期化を行っています。今までもオブジェクトは扱ってきましたが、初期化という概念が出てきたのは、本節が初めてです。少々乱暴な説明になってしまいますが、JavaScriptでは、オブジェクトの種類によっては、関数やプロパティを使用する前に初期化という前準備が必要になるものがあります。Dateオブジェクトの前の「new」が初期化を意味します。

　さて、3行目でDateオブジェクトを使うための準備ができました。次の4～6行目では、Dateオブジェクトのメソッドを使用し、現在時刻の時／分／秒を取得し、それぞれ結果を変数に代入しています。

　最後に、変数に入れた時刻の情報を文字列として連結して表示しています。

日時を扱うための機能は、Dateオブジェクトにまとまってるんですね！

そうだね。「ある情報の処理に特化した機能をまとめておく」ことができるのは、オブジェクトを使ってプログラミングをするメリットの一つでもあるんだ！

時刻の自動更新

　現状のままでは、ブラウザをリロードしないと時刻が更新されません。いちいちリロードしなくても、最新の時刻が表示されるように変更してみましょう。そのためには、「setInterval」というメソッドを使用します。「setInterval」は、一定の間隔をおいて処理を繰り返すWindowオブジェクトのメソッドです。以下のように使用します。

setInterval(繰り返したい処理, 間隔)

　繰り返したい処理は、関数として渡します。間隔は「ms」[※1]という単位で実行されます。
　それでは、実際に「setInterval」を使用し、1秒ごとに時刻が更新されるようにコードを変更してみましょう。「script.js」を以下のように修正してみてください。

▽ コード5-4-3　　JavaScript　　js_introductory/chapter5/sample_5_4/script.js

```
setInterval(function(){ // 追加
    var date = new Date();
    var hour = date.getHours();
    var min = date.getMinutes();
    var sec = date.getSeconds();
    time_el.innerHTML = hour+':'+min+':'+sec;
}, 1000); // 追加
```

※1　1000ms = 1秒。

index.htmlをブラウザで開いてみましょう。1秒ごとに時刻が更新され
るようになっていれば、成功です。このように「setInterval」を使用す
ることで、一定間隔で処理を繰り返し実行できます。JavaScriptを書い
ているとたびたび使うことになるメソッドの一つなので、覚えておきま
しょう。

まとめ

- **日時に関する情報を取得／操作したいときは、Dateオブジェクト
  を利用する**
- **Dateオブジェクトは初期化を行ってから使用する必要がある**
- **オブジェクトには、利用時に初期化が必要なものが存在し、初期
  化は「new」で行う**
- **「setInterval」を使用すると、一定間隔をおいて処理を繰り返す
  ことができる**

倍数当てゲームを作ってみよう　Section 05

CHAPTER 5

Section
05

倍数当てゲームを
作ってみよう

本章の最後に、ちょっとしたアプリケーションを作成してみましょう。
図5-5-1のような倍数当てゲームを作ってみます。

▽ **図5-5-1**

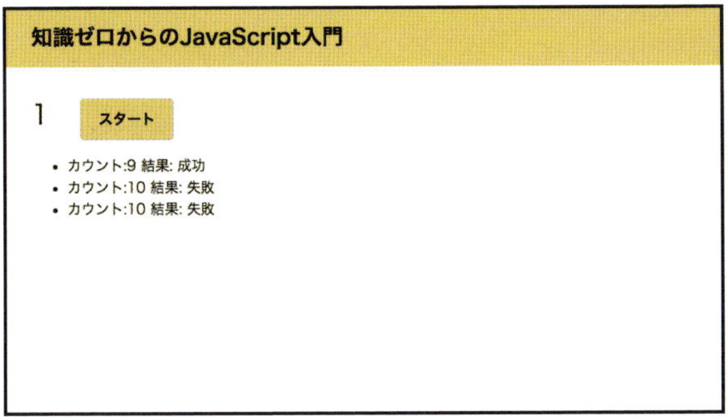

> **知識ゼロからのJavaScript入門**
>
> 1　[スタート]
>
> - カウント:9 結果: 成功
> - カウント:10 結果: 失敗
> - カウント:10 結果: 失敗

　「スタート」ボタンをクリックすると、ボタンのテキストが「ストッ
プ」ボタンに変化し、カウントの数値が変化します。カウントが3の倍
数の時に、タイミングよく「ストップ」ボタンをクリックできれば成功、
それ以外のタイミングで「ストップ」をクリックすると失敗です。ゲー
ムの成功／失敗は、ボタンの下に表示されます。

1. 「js_introductory/chapter5」フォルダ内に「sample_5_5」という
   フォルダを作成する
2. 「js_introductory/chapter5/template_5」フォルダの中にあるファ
   イル一式をコピーする

実践JavaScriptプログラミング

113

▽ **コード5-5-1** `HTML` js_introductory/chapter5/sample_5_5/index.html

```html
001 <!DOCTYPE html>
002 <html lang="ja">
003 <head>
004   <meta charset="UTF-8">
005   <title>知識ゼロからのJavaScript入門 | Chapter5</title>
006   <link rel="stylesheet" href="./style.css">
007 </head>
008 <body>
009   <header class="header">
010     知識ゼロからのJavaScript入門
011   </header>
012   <section class="contents">
013     <span id="counter">0</span> // 追加
014     <button id='action_btn'>スタート</button> // 追加
015     <ul id="results"></ul> // 追加
016   </section>
017   <script src="./script.js"></script>
018 </body>
019 </html>
```

》》 カウント処理を実装する

次に、「スタート」ボタンがクリックされたときの処理を記述していきましょう。まずは、「スタート」ボタンの要素を取得し、イベントリスナーの登録を行います。プログラムが期待どおり動いていることを確かめるため、ボタンクリック時に実行される処理（関数）を、いったんconsole.logメソッドとして挙動を確かめてみましょう。

▽ **コード5-5-2** `JavaScript` js_introductory/chapter5/sample_5_5/script.js

```javascript
001 var action_btn = document.getElementById('action_bt
    n'); // 追加
002
003 action_btn.addEventListener('click', function(){ //
    追加
```

| 004 | `console.log('クリックされたよ') // 追加` |
| 005 | `}); // 追加` |

　index.htmlをブラウザで開いたあと、開発者ツールを起動してボタンをクリックしてみましょう。Console上に「クリックされたよ」と表示されれば、まずは成功です。

　次に、「console.log」を本来の「スタート」ボタンクリック時に実行する処理に置き換えます。まずは、数値（カウント）を変化させる処理を記述しましょう。

▽ **コード5-5-3**　`JavaScript`　js_introductory/chapter5/sample_5_5/script.js

```javascript
001  var action_btn = document.getElementById('action_bt
     n');
002  var counter = document.getElementById('counter'); //
     追加
003  var count = 1; // 追加
004
005  action_btn.addEventListener('click', function(){
006    setInterval(function(){ // 追加
007      count++; // 追加
008      counter.innerHTML = count; // 追加
009    }, 200); // 追加
010  });
```

　ここで一度、挙動を確認してみましょう。index.htmlを開き、「スタート」ボタンクリック時にカウントの数値が変化すれば成功です。

　それでは、コードについて解説します。まず、2行目ではカウンタを表示している要素を取得し、3行目ではカウンタに表示する数値の初期値をそれぞれ変数に代入しています。6行目からのイベントリスナー内の処理では、「setInterval」メソッドを使用して200ms（0.2秒）ごとに「count」の数値を加算し、HTMLへの出力を行っています。

》》》 カウント処理を関数化する

　さて、次の処理を実装していく前に、今回のアプリのコアとなる処理（addEventListenerに渡す処理）を関数化してみましょう。好みにもよりますが、addEventListenerはあくまでイベント発生時に実行したい処理の登録を行うメソッドなので、処理部分があまりに長くなってしまうとコードの可読性を損ねます。これを解決する手段の1つとして、addEventListenerに渡す処理をユーザー定義関数としてaddEventListenerの外で関数化するという方法もあります。

　コードを以下のように修正してみましょう。

▽ **コード5-5-4** 　`JavaScript`　js_introductory/chapter5/sample_5_5/script.js

```javascript
001  var action_btn = document.getElementById('action_btn');
002  var counter = document.getElementById('counter');
003  var count = 1;
004
005  function start_game() {  // 追加
006    setInterval(function(){
007      count++;
008      counter.innerHTML = count;
009    }, 200);
010  }  // 追加
011
012  action_btn.addEventListener('click', start_game); // 変更
```

　index.htmlでブラウザで開き、挙動を確認してみましょう。先ほどと同じように、「スタート」ボタンクリック時に処理が実行されていれば成功です。

倍数当てゲームを作ってみよう　Section 05

>>> ボタンテキストを切り替える

次に、「スタート」ボタンクリック時に、ボタンのテキストを「ストップ」に切り変える処理を実装していきます。また、「start_game」関数内にあるカウントの加算／出力処理を、ボタンのテキストが「スタート」の場合にのみ実行されるようにしておきましょう。ボタンテキストが「ストップ」の場合は、別の処理が実行されるようにしたいからです。

▽ **コード5-5-5** `JavaScript` js_introductory/chapter5/sample_5_5/script.js

```
001  var action_btn = document.getElementById('action_btn');
002  var counter = document.getElementById('counter');
003  var count = 1;
004
005  function start_game() {
006    var btn_text = action_btn.innerHTML; // 追加
007
008    if (btn_text == 'スタート') {  // 追加
009      setInterval(function(){
010        count++;
011        counter.innerHTML = count;
012      }, 200);
013      action_btn.innerHTML = 'ストップ';  // 追加
014    }  // 追加
015  }
016
017  action_btn.addEventListener('click', start_game);
```

コード5-5-5の修正では、6行目でボタンのテキストを取得し、テキストが「スタート」の場合にのみカウントの変更処理が行われるよう、8行目に条件分岐を追加しました。また、カウントの変更処理の後にボタンのテキストを「ストップ」に切り替えるための処理を13行目に追加しています。

>>> 停止の処理を追加する

ブラウザで確認を行う前に、「ストップ」状態でボタンのクリックが行われたときの処理を追加しておきます。まずは、スタート／ストップそれぞれのボタンクリック時に、実行される処理が切り替わっていることを確認したいので、ストップ時はconsole.logで適当な情報が出力されるようにしておきます。

▽ **コード5-5-6** `JavaScript` js_introductory/chapter5/sample_5_5/script.js

```
001  var action_btn = document.getElementById('action_bt
     n');
002  var counter = document.getElementById('counter');
003  var count = 1;
004
005  function start_game() {
006    var btn_text = action_btn.innerHTML;
007
008    if (btn_text == 'スタート') {
009      setInterval(function(){
010        count++;
011        counter.innerHTML = count;
012      }, 200);
013      action_btn.innerHTML = 'ストップ';
014    } else if (btn_text == 'ストップ') { // 追加
015      console.log('ストップボタンがクリックされたよ') // 追加
016    }
017  }
018
019  action_btn.addEventListener('click', start_game);
```

index.htmlをブラウザで開き、以下の状態になっているか、確認してみましょう。

1.「スタート」ボタンクリック時、カウントの数値が加算され、ボタンのテキストが「ストップ」に変わる

>>> 118

2.「ストップ」ボタンクリック時、Consoleにテキストが出力される

次に「ストップ」ボタンクリック時に実行する処理を変更してみます。まずは、カウントの加算処理を止め、カウントが初期値（=1）になるようにしていきます。先ほどの「console.log」は削除し、以下のようにコードを変更しましょう。

▽ **コード5-5-7**　　**JavaScript**　　js_introductory/chapter5/sample_5_5/script.js

```javascript
001  var action_btn = document.getElementById('action_btn');
002  var counter = document.getElementById('counter');
003  var count = 1;
004  var interval_id; // 追加
005
006  function start_game() {
007    var btn_text = action_btn.innerHTML;
008
009    if (btn_text == 'スタート') {
010      interval_id = setInterval(function(){ // 変更
011        count++;
012        counter.innerHTML = count;
013      }, 200);
014      action_btn.innerHTML = 'ストップ';
015    } else if (btn_text == 'ストップ') {
016      clearInterval(interval_id); // 追加
017      action_btn.innerHTML = 'スタート'; // 追加
018      count = 1; // 追加
019      counter.innerHTML = count; // 追加
020    }
021  }
022
023  action_btn.addEventListener('click', start_game);
```

index.htmlをブラウザで開き、「ストップ」ボタンクリック時の挙動が以下のようになっていれば、成功です。

1. カウンタの加算が止まり、1になっている

2. ボタンのテキストが「スタート」に変更されている

■ 繰り返し処理の登録と解除

　コードを見ていく前に、ここで初めて登場する「clearInterval」関数について説明しておきます。まず、「clearInterval」の役割を知る上で重要な「setInterval」について復習しておきましょう。「setInterval」は、一定間隔で繰り返したい処理を登録するための関数です。前章でも触れましたが、以下のように使用します。

setInterval(処理, 実行間隔);

　「setInterval」は、登録された処理に対し、内部的にIDを割り当てます。そして、このIDが「setInterval」の返り値となります。

　一方「clearInterval」は、「setInterval」で登録した処理を解除するための関数です。「clearInterval」には、解除したい処理に割り当てられたIDを、引数で渡す必要があります。コード5-5-7で、「interval_id」という変数に「setInterval」の実行結果を代入しているのは、「clearInterval」で処理の解除を行う際に必要となるためです。

　それでは、コードの解説に移ります。まず4行目に、「setInterval」の返り値（ID）を代入しておくための変数の宣言を行っています。10行目は、スタートボタンクリック時にこの変数に「setInterval」の返り値（ID）が代入されるように修正しています。

　次に、16行目（「ストップ」ボタンクリック時の処理）では、まず「interval_id」に代入されたIDを使用し、「setInterval」セットした処理を解除しています。これによりカウントの加算が止まります。続く17行目では、ボタンのテキストを「スタート」に変更、18、19行目ではカウンタを初期値に戻しています。

判定結果を表示する

続けて、「ストップ」ボタンクリック時の処理を追加していきます。「ストップ」ボタンクリック時に、カウントが3の倍数かどうかを判定し、ゲームの結果が出力されるようにします。

以下のようにコードを変更しましょう。

▽ **コード5-5-8**　`JavaScript`　js_introductory/chapter5/sample_5_5/script.js

```javascript
var action_btn = document.getElementById('action_btn');
var counter = document.getElementById('counter');
var count = 1;
var interval_id;

function start_game() {
  var btn_text = action_btn.innerHTML;

  if (btn_text == 'スタート') {
    interval_id = setInterval(function(){
      count++;
      counter.innerHTML = count;
    }, 200);
    action_btn.innerHTML = 'ストップ';
  } else if (btn_text == 'ストップ') {
    clearInterval(interval_id);
    action_btn.innerHTML = 'スタート';
    var li = document.createElement('li'); // 追加
    if (count % 3 == 0){ // 追加
      var text = document.createTextNode('カウント:'+count+' 結果: 成功'); // 追加
    } else { // 追加
      var text = document.createTextNode('カウント:'+count+' 結果: 失敗'); // 追加
    } // 追加
    li.appendChild(text); // 追加
    results.appendChild(li); // 追加
    count = 1;
```

```
027        counter.innerHTML = count;
028      }
029  }
030
031  action_btn.addEventListener('click', start_game);
```

　18行目から、結果を出力するための処理を追加しました。まず18行目では、liとして結果を出力するために、li要素を作成しています。続く19行目には、「ストップ」ボタンクリック時のカウントが3で割り切れる（3の倍数である）かどうかで、li要素に設定するためのテキスト情報を変数に代入しています。最後に20、21行目で、作成したli要素とテキストをブラウザに出力しています。

　index.htmlをブラウザで開き、確認してみましょう。本節の最初に述べた要件をすべて満たしていれば、アプリケーションの完成です。

　本節では、今まで個別に学んできたことを組み合わせて、1つのアプリケーションを作成してみました。個々の説明では今ひとつ用途が理解できなかった文法に対し、実際にどのように使えばいいのか、多少はイメージがつかめたのではないでしょうか。

CHAPTER
6

jQueryについて

プログラマの間では、開発効率を上げるために「ライブラリ」と呼ばれる、ほかの人が作成したコードを使用する文化があります。本章では、現在も多くの開発現場で使用されているJavaScriptのライブラリの一つである、jQuery（ジェイクエリ）を紹介します。

CHAPTER 6

jQueryのメリットを知ろう

　プログラマの間では、開発効率を上げるためにライブラリと呼ばれる、ほかの人が作成したコードを使用する文化があります。ライブラリは、いうなれば、先人の知恵です。各言語において利用頻度の高い処理などは、多くの場合、ライブラリ化されており、第三者も利用できるようにWEB上で公開されています。

　当然、JavaScriptにも多数のライブラリが存在します。本章では、現在も多くの開発現場で使用されているライブラリの一つである、jQuery（ジェイクエリ）を紹介します。

　jQueryには大きく分けて、以下の2つのメリットがあります。

1. JavaScriptの一部のコードが簡潔に書ける
2. クロスブラウザ対応に関するコードを省略できる

　順を追って解説します。

》》 JavaScriptの一部のコードが簡潔に書ける

　jQueryを利用することで、JavaScriptにおける一部処理（主にDOM操作に関連する処理）を簡潔に書くことができます。

　たとえば、イベント処理を例にコードを見ていきましょう。第5章で紹介したaddEventListenerというメソッドは、ブラウザ上の要素にイベント（クリックなど）が発生したときに実行したい処理を登録するためメソッドで、以下のようにして使います。

変数 = document.getElementById(id名); // Elementオブジェクト
変数.addEventListener(イベント名, 処理);

これは、jQueryを使用することで以下のように書けます。

変数 = $(id名); // jQueryオブジェクト
変数.on(イベント名, 処理);

　いかがでしょうか。素のJavaScriptで書いたコードと比べると、jQueryを使用したコードのほうが簡潔に感じないでしょうか。具体的な使用方法などは第7章で触れますが、上記のjQueryで書かれたコードについて、少し触れておきます。

　まず、先頭の「$」ですが、これはjQueryオブジェクトを表します。jQueryが提供している機能は、すべてjQueryオブジェクトに属します。

　また、jQueryが提供するメソッドは、基本的に「$.メソッド名」として使用できますが、DOM操作に関するメソッドを使用する場合は、「$('セレクタ').メソッド名」となることを覚えておきましょう。なお、セレクタにはid名、class名、要素名のいずれかを指定します。$('セレクタ')の返り値は、セレクタにマッチするすべての要素情報となります。

　$('セレクタ')の後ろに続く「on」は、addEventListener相当の処理を行うメソッドです。onメソッドの内部では、addEventListenerが実行されているのですが、プログラマは内部の動きを気にする必要はありません。onと記載するだけでaddEventListenerと同等の処理を行うことができるのです。

　このように、jQueryを使用することで、多くの処理が簡潔に書けるようになります。

>>> クロスブラウザ対応に関するコードを書かずに済む

　第1章でJavaScriptは、ブラウザに実装されている言語であると述べま

した。以前、JavaScriptには各ブラウザごとに、独自に実装された機能
が多くありました。独自実装された機能の多くは互換性を持たず、ある
ブラウザでは使用できる機能がほかのブラウザでは使用できないという
問題がありました。これについては、詳しくは8-1節「ECMAScriptが生
まれた背景」で解説します。

　近年、この問題は解消されつつあるのですが[1]、一部の古いブラウザ
上での動作を前提としたJavaScriptコードにおいては、ブラウザ間の互
換性への配慮が求められます。この互換性に配慮したコードを実装する
ことをクロスブラウザ対応といいます。

　本来、JavaScriptを使用した開発を行う場合、クロスブラウザ対応は
プログラマに求められます。たとえば、これまでにも使用してきた
addEventListenerというメソッドはIE系のブラウザにおいてバージョン8
以下では、使用できません。代わりにattachEventというメソッドが存在
し、IE8でaddEventListener相当のことをしたい場合、代わりにこのメ
ソッドを使用する必要があります。

　たとえば、IE8に対応したコードを書く場合に以下のようなクロスブラ
ウザ対応を行わねばなりません。

▽ **コード6-1-1**　`JavaScript`

```
001  var el = document.getElementById('Id名');
002
003  if(el.addEventListener){
004    el.addEventListener('click', function(){ // 処理
       });
005  }
006  else if(el.attachEvent){
007    el.attachEvent('onclick', function(){ // 処理 });
008  }
```

　コード6-1-1の3行目ではel.addEventListenerの返り値を確認し、
ElementオブジェクトのaddEventListenerの存在を確認しています。

---

[1]　クロスブラウザ対応が必要な古いブラウザは、サポートが終了しているものがほとんど
　　で、プログラマがクロスブラウザ対応を強いられることは、年々減ってきている。

addEventListenerが存在しない場合、el.addEventListenerの返り値はundefinedとなります。undefined は条件式の中においてfalseと見なされる値であるため、addEventListenerが存在しない場合、else ifが実行され、attachEventの存在を確認します。

　IE8の場合は、このelse ifの条件式がtrueとなり、attachEventが実行されます。

　IE8に関しては、開発元であるマイクロソフトによるサポートがすでに終了しているため、多くの場合、このようなコードを書く必要はなくなりました。しかし、WEBサイトあるいはWEBサービスが古いブラウザでの動作をサポートをしている場合、クロスブラウザ対応が必要なケースがないとも言い切れません。

　jQueryは内部で上記のようなクロスブラウザ対応のための処理が実装されているため、プログラマはブラウザ間の差異を気にすることなく、必要な機能の実装に集中できます。これはjQueryを使用するメリットの一つであるといえます。

まとめ

- **jQueryとは、JavaScriptの一部処理を簡潔に書くための機能を提供しているライブラリである**
- **jQueryを使用すると、JavaScriptが短縮できる**
- **JavaScriptは、同じ処理でもブラウザごとに実装されているメソッドが異なる可能性があるが、jQueryはこの問題を解決し、クロスブラウザ対応を行う**

Section 02 jQueryの導入方法

CHAPTER 6

本節では、jQueryの使用方法について紹介します。使用方法は簡単で、jQueryの公式ページ上で公開されているjQueryファイルをダウンロードし、HTMLファイルから読み込むだけです。読み込み方法は、これまで学んできた外部化したJavaScriptの読み込むときと同じで、scriptタグのsrc属性に、jQueryファイルのダウンロード先のパスを指定するだけです。なお、具体例は第7章を参照してください。

多くのライブラリは、専用のWEBページやGitHub[1]などのWebサービス上からダウンロードできます。

jQuery公式ページ（https://jquery.com/）

また、jQueryはCDN（Contents Delevery Network：コンテンツ・デリバリ・ネットワーク）と呼ばれる外部のネットワーク上から配信されています。CDNは、配信に特化したファイルの保管場所のようなものです。

---

[1] Web上でコードを共有／公開するためのサービス。
https://github.com

CDNから配信されるjQueryファイルを使用する場合は、jQueryの公式サイトで公開されているscriptタグをコピーし、HTML上の任意の場所（これまで同様、bodyの終了タグの前で問題ありません）に貼り付けるだけです。

https://code.jquery.com/

「jQuery 3.x」の「minified」をクリックする。

<script>から</script>までをコピーする。

なお、コピーしたコードのscriptタグには、src属性のほかにintegrity属性とcrossorigin属性という見慣れない属性が設定されています。本書ではこの属性値の詳細は割愛しますが、CDNを利用する際にはこの属性値も含めてコピーしてください。

ファイルの読み込み方法（CDNかローカル環境へのダウンロード）に関しては、一概にどちらがいいともいえないのですが、ファイルの読み込み速度という意味では、配信に特化したCDNに利がある場合が多いでしょう。

しかし、CDNは外部ネットワーク上にあるため、インターネットに接続されていない状況やCDN自体に問題が起きた場合に、ファイル読み込みが行えないというデメリットもあります。

本書では、CDNは利用せず、ローカル環境にライブラリファイルのダウンロードを行う方法でjQueryを使用します。jQueryの導入は第7章で解説します。

まとめ

- プログラマ間では、開発効率を上げるため、ライブラリと呼ばれる、ほかの人が作成したコードを使用する文化がある
- ライブラリはプログラミングコードなので、自身で作成することも可能
- JavaScriptにおいて、第三者が作成したライブラリを使用するには、基本的にWEB上に公開されているライブラリファイルをダウンロードし、HTMLから読み込みを行う
- ライブラリファイルを使用する手段の一つとして、CDN（配信に特化したファイルの保管場所）上で配信されているファイルを読み込む方法もある

CHAPTER

7

jQueryを使った
JavaScriptプログラミング

jQueryは基本的にDOM操作に関する機能を多く提供するライブラリです。本章では、jQueryが「どのような機能を提供しているのか」という点を意識しながらサンプルプログラムに取り組んで、jQueryへの理解を深めてください。

CHAPTER 7

Section 00
JavaScriptを書く準備をしよう

コードを書き始めるための準備をしましょう。まずは「js_introductory」内に本章のコードを管理するための「chapter7」というフォルダを作成しましょう。すでに本書のサンプルコード一式をダウンロードしている場合は、ファイル／フォルダの作成は不要です。

▽ 図7-0-1

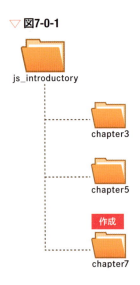

次に「js_introductory/chapter7」内に「template_7」というフォルダを作成しましょう。

▽ 図7-0-2

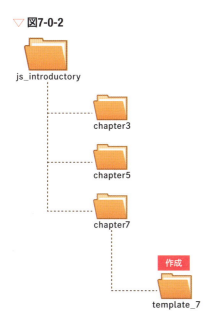

≫ jQueryファイルのダウンロード

次に「template_7」にjQueryファイルをダウンロードしてみましょう。
jQueryファイルをダウンロードするために、まずは「https://jquery.com/」にアクセスし、以下のダウンロードリンクをクリックしてください。

▽ 図7-0-3

リンクをクリックすると、図7-0-4のようなページに移動します。本書では、執筆時（2018年6月）に最新版となっている「jQuery 3.3.1」を使用するので、ページ内の「Download the uncompressed, development jQuery 3.3.1」というリンクをクリックしてください。ちなみに、3.3.1はjQueryのバージョンを表しています。

　WEB上で公開されているライブラリのほとんどは、バージョンという概念が存在します。ライブラリも人が書いたコードである以上、バグが存在する可能性があったり、あとから機能を追加したくなったりということが発生するためです。修正や機能追加を行うには、コードに変更を加える必要があります。そのため、ライブラリを使用する場合、バージョン情報を知ることで使える機能やライブラリに潜む問題点などを把握できます。

▽ **図7-0-4**

　リンクのクリック後、図7-0-5のようなjQueryのコードが記載されたページが表示されます。

JavaScriptを書く準備をしよう　Section00

▽ 図7-0-5

```
/*!
 * jQuery JavaScript Library v3.3.1
 * https://jquery.com/
 *
 * Includes Sizzle.js
 * https://sizzlejs.com/
 *
 * Copyright JS Foundation and other contributors
 * Released under the MIT license
 * https://jquery.org/license
 *
 * Date: 2018-01-20T17:24Z
 */
( function( global, factory ) {

    "use strict";

    if ( typeof module === "object" && typeof module.exports === "object" ) {

        // For CommonJS and CommonJS-like environments where a proper `window`
        // is present, execute the factory and get jQuery.
        // For environments that do not have a `window` with a `document`
        // (such as Node.js), expose a factory as module.exports.
        // This accentuates the need for the creation of a real `window`.
        // e.g. var jQuery = require("jquery")(window);
        // See ticket #14549 for more info.
        module.exports = global.document ?
            factory( global, true ) :
            function( w ) {
                if ( !w.document ) {
                    throw new Error( "jQuery requires a window with a document" );
                }
                return factory( w );
            };
    } else {
        factory( global );
    }

// Pass this if window is not defined yet
} )( typeof window !== "undefined" ? window : this, function( window, noGlobal ) {

// Edge <= 12 - 13+, Firefox <=18 - 45+, IE 10 - 11, Safari 5.1 - 9+, iOS 6 - 9.1
// throw exceptions when non-strict code (e.g., ASP.NET 4.5) accesses strict mode
// arguments.callee.caller (trac-13335). But as of jQuery 3.0 (2016), strict mode should be common
// enough that all such attempts are guarded in a try block.
"use strict";
```

このページを「template_7」にダウンロード（ファイルを保存）してください。

▽ 図7-0-6

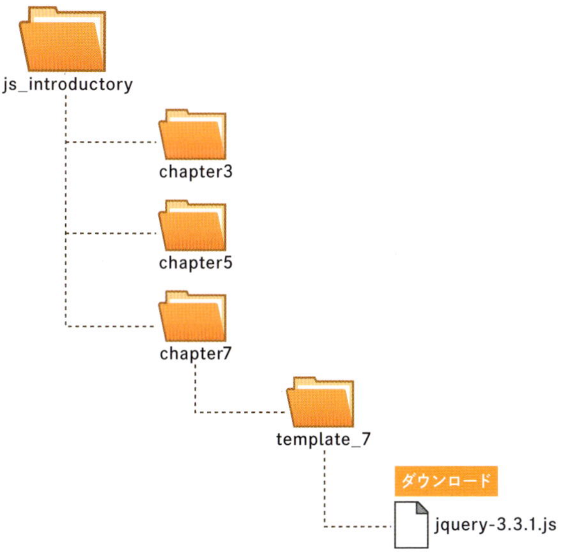

js_introductory
chapter3
chapter5
chapter7
template_7
ダウンロード
jquery-3.3.1.js

135

>>> 必要なファイルを作成する

最後に「template_7」の中に以下のファイルを作成しましょう。

▽ 図7-0-7

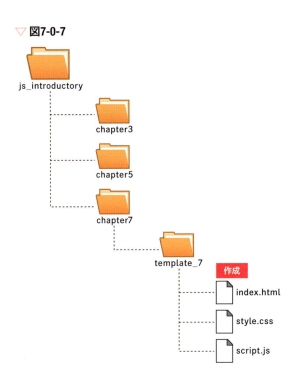

▽ コード7-0-1　　HTML　　js_introductory/chapter7/template_7/index.html

```
001  <!DOCTYPE html>
002  <html lang="ja">
003  <head>
004    <meta charset="UTF-8">
005    <title>知識ゼロからのJavaScript入門 | Chapter7</title>
006    <link rel="stylesheet" href="./style.css">
007  </head>
008  <body>
009    <header class="header">
010      知識ゼロからのJavaScript入門
```

JavaScriptを書く準備をしよう　Section 00

```
011    </header>
012    <section class="contents">
013    </section>
014    <script src="./jquery-3.3.1.js"></script>
015    <script src="./script.js"></script>
016  </body>
017  </html>
```

　index.html内のscriptタグを確認してみましょう。これまでのコードとは違い、scriptタグが2つ存在しており、1つ目のscriptタグでは、jQueryファイルの読み込みを行っています。このファイルを読み込むことで、以降に記載するJavaScriptコード内でjQueryの機能が使用できるようになります。

　今回のようにライブラリを使用する場合、scriptタグの先頭のほうでライブラリファイルを読み込む必要があります。なぜなら、jQueryファイルには、jQueryの機能を利用するための初期化に当たる処理が書かれているからです。そのため、jQueryファイル内のコードを読み込んでからでないと、そのあとに書かれたJavaScriptコード[1]の中でjQueryの機能を使用することができないのです。

▽ **コード7-0-2**　CSS　js_introductory/chapter7/template_7/style.css

```
001  html, body, div, header, section, p, span, form, lab
     el button {
002    margin:0;
003    padding:0;
004    border:0;
005  }
006
007  .header {
008    background-color: #F9D535;
009    padding: 15px 30px;
010    font-size: 24px;
011    font-weight: 600;
012  }
013
```

※1　今回であれば、script.js内のコード。

```
014  .contents {
015    padding: 30px;
016  }
017
018  .button {
019    padding: 10px 20px;
020    border-radius: 5px;
021    font-size: 16px;
022    font-weight: 600;
023    background-color: #F9D535;
024  }
```

　JavaScriptは外部ファイルに記載するため、「js_introductory/chapter7/
template_7」内に「script.js」というファイルを作成しておきます。これ
でjQueryで開発を始める準備が整いました。

CHAPTER 7

ボタンクリック時に
ポップアップを表示してみよう

Section 01

　まずは、jQueryを体験するための簡単なコードを書いてみます。第5章で実装した「ボタンをクリックしたらポップアップを表示する」コードを、今度はjQueryを使用して書いてみます。さっそくコードを書く準備をしていきましょう。

1. 「js_introductory/chapter7」フォルダ内に「sample_7_1」というフォルダを作成する
2. 「js_introductory/chapter7/template_7」フォルダ内にあるファイル一式をコピーする

それでは、コードを書いてみましょう。

▽ **コード7-1-1**　`HTML`　js_introductory/chapter7/sample_7_1/index.html

```html
<!DOCTYPE html>
<html lang="ja">
<head>
  <meta charset="UTF-8">
  <title>知識ゼロからのJavaScript入門 | Chapter7</title>
  <link rel="stylesheet" href="./style.css">
</head>
<body>
  <header class="header">
    知識ゼロからのJavaScript入門
  </header>
  <section class="contents">
    <button id="btn">アラートを出すよ</button>  //追加
```

```
014    </section>
015    <script src="./jquery-3.3.1.js"></script>
016    <script src="./script.js"></script>
017  </body>
018  </html>
```

▽ **コード7-1-2** `JavaScript` js_introductory/chapter7/sample_7_1/script.js

```
001  var btn = $('#btn');
002  btn.on('click', function(){
003    alert('ボタンがクリックされたよ');
004  });
```

index.htmlをブラウザで開き、ボタンをクリックしてみましょう。ア
ラートが表示されていれば成功です。

≫ jQueryのonメソッドとaddEventListener

jQueryでは、要素の取得を行う場合、「$('セレクタ')」とします。「$」
に渡す引数（セレクタ）は、id名／class名／タグ名のどれをとることも
できます。今回はid名で要素情報の取得を行っていますが、class名から
取得を行う場合は「.class名」、タグ名から取得を行う場合は「タグ名」
を文字列で渡します。

ちなみに、コード7-1-2を素のJavaScriptで書いた場合は、以下のよう
になります。

```
var btn = document.getElementsById('btn');
btn.addEventListener('click', function(){
  alert('ボタンがクリックされたよ')
});
```

▽ 図7-1-1

この比較からわかるように、jQueryのonメソッドは、addEventListenerと同じ動きをします。内部的な処理で異なる部分はありますが、実行結果は同じと考えて問題ないでしょう。

jQueryオブジェクトのメソッドは、素のJavaScriptメソッドに比べると名前がシンプルですね。

そうだね。特に初学者のうちは、長い名前のメソッドを扱うときによく入力ミスをしたりするから、そういった面でもjQueryのインターフェースは優れているといえるね。

まとめ

- jQueryでは「$('要素の情報')」で要素情報（DOM）を扱うことができる
- jQueryではaddEventLisnerの代わりに「on」というメソッドを使用し、イベントリスナーの登録を行うことができる

CHAPTER 7

Section 02 テキストフィールドに入力されている文字数を表示してみよう

　テキストフィールドに対して文字の入力が行われると、ブラウザ上では「keyup」というイベントが発生します。本節では、keyupイベントが発生したタイミングで、テキストフィールド内に入力されている情報の文字数を表示するコードを書いてみます。

1. 「js_introductory/chapter7」フォルダ内に「sample_7_2」というフォルダを作成する
2. 「js_introductory/chapter7/template_7」フォルダ内にあるファイル一式をコピーする

　準備ができたら、コードを書いていきましょう。

▽ コード7-2-1　　HTML　js_introductory/chapter7/sample_7_2/index.html

```
001  <!DOCTYPE html>
002  <html lang="ja">
003  <head>
004    <meta charset="UTF-8">
005    <title>知識ゼロからのJavaScript入門 | Chapter7</title>
006    <link rel="stylesheet" href="./style.css">
007  </head>
008  <body>
009    <header class="header">
010      知識ゼロからのJavaScript入門
011    </header>
012    <section class="contents">
013      <span class="text_count">0</span> // 追加
014      <input type="text" class="text_field"> // 追加
```

```
015    </section>
016    <script src="./jquery-3.3.1.js"></script>
017    <script src="./script.js"></script>
018  </body>
019  </html>
```

▽ コード7-2-2　`JavaScript`　js_introductory/chapter7/sample_7_2/script.js

```
001  var $text_field = $('.text_field');
002  var $text_count = $('.text_count');
003
004  $text_field.on('keyup', function(){
005      var text = $text_field.val();
006      $text_count.text(text.length);
007  });
```

index.htmlをブラウザで開いてみましょう。テキストフィールドに文字を入力したタイミングで、フィールド内の情報の文字数が出力されていれば成功です。

▽ 図7-2-1

あれ、「$text_field」と「$text_count」は、変数名の頭に「$」が付いてますけど、これは何か特別な変数なんですか？

これはね、jQueryオブジェクトが代入されている変数であることをわかりやすくするためにつけているんだ。

「$」をつけないとエラーが発生したりするんですか？

いや、「$」は必須というわけではないんだ。これはjQueryを書くときのお作法的なものだからね。ただ、JavaScriptを書く人たちの間では、広く認知されている記法ではあるから、覚えておくといいよ。

》》》 文字入力に対して処理を行う

　それでは、コードについて解説します。まず、1行目では、テキストフィールドの要素情報を取得しています。続く2行目では、入力された文字数を出力するための要素情報を取得しています。

　次の4行目は、onメソッドでテキストフィールドに対し、情報が入力されたときに実行したい処理の登録を行っています。テキストフィールドに情報が入力されるたびに、ブラウザはkeyupイベントを発生させるのです。そのため、今回はonメソッドに渡す1つ目の引数（イベント名）は、clickではなくkeyupとなっています。onメソッドに渡している処理では、5行目でテキストフィールドの値（入力値）を取得しています。

　「$text_field」から呼び出しているvalメソッドは、jQueryメソッドの一つです。valメソッドは、レシーバ[※1]となる要素情報のvalue属性を返します。よって5行目では、テキストフィールドの入力値（=value属性）をtextという変数に代入していることになります。

　次の6行目では、文字数の出力先となる要素を取得し、5行目で取得し

※1　これまでの章では触れていないが、メソッドを呼び出す場合、呼び出し元のオブジェクトをレシーバと呼ぶこともあるので、覚えておくとよい。今回の場合は「$text_field」がレシーバである。

た情報[1]の文字数を、テキスト情報として出力しています。textメソッドはレシーバ要素のテキスト情報を取得したり、変更したりする場合に使用します。引数がない場合は「レシーバ要素のテキスト情報取得」、引数を与えた場合は、「レシーバ要素のテキスト情報を引数の値に変更」となります。後者の場合、要素のテキスト情報を変更する意味で、innerHTMLプロパティに値を代入した場合と同じ結果になります。

　今回使用したvalやtextメソッドのような処理は、素のJavaScriptでも書くことができますが、jQueryを使用することで、よりシンプルに書くことができます。

まとめ

- テキストフィールドに対して情報が入力されたとき、keyupというイベントが発生する
- valは要素のvalue属性を取得するためのjQueryメソッドである
- textは要素のテキスト情報を取得したり、変更したりすることのできるjQueryメソッドである

※1　テキストフィールドの入力値。

CHAPTER 7

チェックが付いたラジオボタンのテキストを表示してみよう

本節では、ラジオボタンにチェックが入ったタイミングで、テキストを表示するサンプルを作ります。

1. 「js_introductory/chapter7」フォルダ内に「sample_7_3」というフォルダを作成する
2. 「js_introductory/chapter7/template_7」フォルダ内にあるファイル一式をコピーする

それでは、コードを書いていきましょう。

▽ コード7-3-1　**HTML**　js_introductory/chapter7/sample_7_3/index.html

```
001  <!DOCTYPE html>
002  <html lang="ja">
003  <head>
004    <meta charset="UTF-8">
005    <title>知識ゼロからのJavaScript入門 | Chapter7</title>
006    <link rel="stylesheet" href="./style.css">
007  </head>
008  <body>
009    <header class="header">
010      知識ゼロからのJavaScript入門
011    </header>
012    <section class="contents">
013      <input type="radio" name="fruits" id="apple" value="apple"><label for="apple">リンゴ</label> // 追加
014      <input type="radio" name="fruits" id="peach" value="peach"><label for="peach">モモ</label> // 追加
```

チェックが付いたラジオボタンのテキストを表示してみよう　Section03

```
015      <input type="radio" name="fruits" id="banana" va
      lue="banana"><label for="banana">バナナ</label> // 追
      加
016      <p class="fruits"></p> // 追加
017   </section>
018   <script src="./jquery-3.3.1.js"></script>
019   <script src="./script.js"></script>
020 </body>
021 </html>
```

　次に、ラジオボタンにチェックが入ったタイミングで、隣接するlabel
要素のテキスト情報が表示されるようにJavaScriptを書いてみます。

▽ コード7-3-2　　JavaScript　　js_introductory/chapter7/sample_7_3/script.js

```
001 $('input[type="radio"]').on('change', function(e){
002   var text = $(e.currentTarget).next().text();
003   $('.fruits').text(text);
004 });
```

　index.htmlを開いて、確認をしてみましょう。ラジオボタンにチェッ
クを入れて、隣接するテキスト（label要素のテキスト情報）が表示され
れば成功です。

▽ 図7-3-1

知識ゼロからのJavaScript入門

○リンゴ ◉モモ ○バナナ
モモ

147

なるほど、click以外にもchangeってイベントがあるんですね。ラジオボタンへのチェック以外でもchangeイベントが発生することってあるんですか？

いい質問だね。changeイベントは要素情報に変更が生じた際に発生するイベントなんだ。たとえば、セレクトボックスの項目選択やテキストフィールドへの文字入力などでも発生するイベントなんだ。

>>> イベントオブジェクトを引数として受け取る

　それではコードについて解説します。まず、1行目ではonメソッドを使用し、ラジオボタンの状態変化時に実行したい処理を登録しています。前節でも解説しましたが、要素情報の取得は、要素名を使用して行うこともできます。今回は、要素名を使用してinput要素の取得を行っています。

　また、onの第一引数として渡している「change」は、要素に変更が生じたときに発生するイベントとなります。それに加え、onの第二引数として渡している「function」[※1]にも注目してください。引数に「e」と記載があります。この引数には、発生したイベントに関する情報[※2]が入ります。イベント発生時[※3]、onに第二引数として渡している関数（コールバック関数）が実行されるわけですが、その際に引数としてこのイベントオブジェクトが渡されます。今までのコードでは、特に処理の中でイベントオブジェクトを使用したいシーンがなかったので、引数（e）を省略していました。今回は関数内でイベントオブジェクト内の情報を参照したいため、引数（引数名は任意）を受け取るようにしています。

　次の2行目では、表示するテキスト情報の取得を行っています。「$(e.currentTarget)」ですが、これはイベントが発生した要素[※4]をElementオブジェクトとして取得しています。「e」がイベントオブジェクトと呼ば

※1　ハンドラと呼ばれる。
※2　イベントモデルと呼ばれるオブジェクト。
※3　今回であれば、ラジオボタンのチェック時。
※4　チェックされたラジオボタン。

れる、発生したイベントに関する情報を持つオブジェクトであることは、先ほど説明しました。発生したイベントに関する情報の中には、イベントが発生した要素の情報も含まれます。この要素情報は、イベントオブジェクトの「currentTarget」と呼ばれるプロパティから参照できます。そのため、「e.currentTarget」でチェックされたラジオボタンの要素情報を取得できるのです。この場合、「e.currentTarget」はイベントが発生した要素（Elementオブジェクト）なので、「$(e.currentTarget)」とし、jQueryの機能が扱えるようにjQueryオブジェクト化しています。

その次のnextというメソッドですが、これはレシーバに隣接する次の要素情報を取得するためのjQueryメソッドです。そのため、「$(e.currentTarget).next( )」の実行結果は、チェックされたラジオボタンに隣接した要素（label要素）ということになります。

最後に、先ほども出てきたtextメソッドを使用し、label要素のテキスト情報を取得しています。「fruits」という「class」を持った要素を取得し、テキスト情報として2行目で取得したテキストを出力しています。

> **まとめ**
>
> - changeは要素に変更が生じたときに発生するイベントである
> - onメソッドのcallback関数は、実行時（イベント発生時）にイベントに関連する情報を、引数として受け取ることができる
> - このcallback関数に引数として渡される情報は、イベントオブジェクトと呼ばれるオブジェクトである
> - イベントオブジェクトのcurrentTargetプロパティから、イベントが発生した要素の情報を取得することができる
> - nextメソッドは、レシーバの要素に隣接する次の要素を取得するためのメソッドである

CHAPTER 7

テキストフィールドが未入力なら サブミットボタンを無効にしてみよう

次は、formのサブミットボタンの有効／無効をJavaScriptで切り替えてみましょう。テキストフィールドに入力値がなければ、サブミット（フォームの送信）が行えないように制御してみます。

1. 「js_introductory/chapter7」フォルダ内に「sample_7_4」というフォルダを作成する
2. 「js_introductory/chapter7/template_7」フォルダ内にあるファイル一式をコピーする

それでは、コードを書いていきましょう。

▽ コード7-4-1　HTML　js_introductory/chapter7/sample_7_4/index.html

```
001  <!DOCTYPE html>
002  <html lang="ja">
003  <head>
004    <meta charset="UTF-8">
005    <title>sample7-3</title>
006  </head>
007  <body>
008    <form action="./"> // 追加
009      <input type="text" class="text_field"> // 追加
010      <button class="submit_btn">送信</button> // 追加
011    </form> // 追加
012    <script src="./js/jquery-3.2.1.min.js"></script>
013    <script src="./js/script.js"></script>
014  </body>
015  </html>
```

次にJavaScriptを書いていきます。まずはじめに、JavaScriptでサブミットボタンの有効／無効を切り替えます。具体的には、button要素に対し「disabled」という属性をJavaScriptで付与し、button要素を選択不可能な状態にします[※1]。

▽ **コード7-4-2** `JavaScript` js_introductory/chapter7/sample_7_4/script.js

```
001 var $submit_btn = $('.submit_btn');
002
003 $submit_btn.prop('disabled', true);
```

1行目では、サブミットボタンの要素取得を行い、続く3行目でdisabled属性を有効[※2]にしています。「prop」は、引数の数によって挙動が異なります。

以下のように第一引数のみを渡して実行した場合は、指定した属性の値を取得し、第二引数を指定すると属性（第一引数）に第二引数の値を設定します。

$要素.prop(属性名); // 属性の値を取得
$要素.prop(属性名, 値); // 属性に値を設定

それでは、index.htmlを開いて、確認してみましょう。サブミットボタンをクリックしても何も変化が起きなければ、まずは成功です。

》》 未入力時にボタンを無効にする

次にテキストフィールドに入力値が存在しない場合にのみ、サブミットボタンが無効（disabled）になるように、コードを変更してみます。1文字でも入力値があれば、サブミットボタンを有効な状態に切り替えます。

※1　button要素のdisabledは、button要素を無効にするための属性。
※2　サブミットができない状態。

▽ **コード7-4-3**　`JavaScript`　js_introductory/chapter7/sample_7_4/script.js

```javascript
001  var $submit_btn = $('.submit_btn');
002  var $text_field = $('.text_field'); // 追加
003
004  $submit_btn.prop('disabled', true);
005
006  $text_field.on('keyup', function() { // 追加
007    var text_count = $text_field.val().length; // 追加
008    if(text_count >= 1) { // 追加
009      $submit_btn.prop('disabled', false); // 追加
010    } else { // 追加
011      $submit_btn.prop('disabled', true); // 追加
012    } // 追加
013  }); // 追加
```

　index.htmlを開いて、確認してみましょう。テキストフィールドに情報を入力したタイミングで、サブミットボタンが有効になっていれば、成功です。また、一度入力した情報をすべて削除したときに、サブミットボタンが再び無効になることも確認しておきましょう。

　それでは、コードの解説をしていきます。まず2行目でテキストフィールド要素を取得し、6行目でテキストフィールドに対してkeyupイベントが発生したときに、実行したい処理の登録を行っています。keyup時の処理の中では、テキストフィールドの文字数が0文字であればサブミットボタンをdisabled、そうでなければdisabledの解除を行います。具体的には、7行目でテキストフィールドに入力された文字数を取得し、変数に代入しています。

　続く8行目の条件分岐では、7行目で取得した文字数が1文字以上かどうかで、実行する処理の分岐を行っています。文字が1文字以上の場合はdisabledを解除し、そうでない（0文字）の場合はdisabledとしています。

　これで、本節の目的はクリアしました。しかし、現状でサブミットを行うと、フォームのaction属性にパスで指定しているディレクトリ（フォルダ）の階層情報がブラウザに表示されるだけで、味気ないものになり

ます。サブミット後の処理[1]は、多くの場合、サーバで行われるものなので、本書においてFormを取り扱った処理で可能なことはサブミットまでとなります。

>>> サブミット時の処理を追加する

しかし、これでは味気ないので、サブミットが行われたときに実行される処理も加えてみましょう。サブミット時にページ遷移は行わずに、alertでポップアップを表示し、テキストフィールドの入力値をリセットしてみます。

コードを以下のように修正します。

▽ **コード7-4-4**　**JavaScript**　js_introductory/chapter7/sample_7_4/script.js

```javascript
001  var $form = $('form'); // 追加
002  var $submit_btn = $('.submit_btn');
003  var $text_field = $('.text_field');
004
005  $submit_btn.prop('disabled', true);
006
007  $text_field.on('keyup', function() {
008    var text_count = $text_field.val().length;
009    if(text_count >= 1) {
010      $submit_btn.prop('disabled', false);
011    } else {
012      $submit_btn.prop('disabled', true);
013    }
014  });
015
016  $form.on('submit', function(e){ // 追加
017    e.preventDefault(); // 追加
018    alert($text_field.val()+"が送信されました"); // 追加
019    $text_field.val(''); // 追加
020  }); // 追加
```

index.htmlを開いて、確認してみましょう。サブミット後に、ポップ

※1　メール送信やデータベースへの保存など。

アップが表示され、テキストフィールドの内容がリセット[※1]されていれば成功です。

▽ **図7-4-1**

それでは、コードについて解説します。サブミット時には、submitというイベントが発生するので、これまで同様にonメソッドを使用し、submit時に実行した処理の登録を行います。まず、1行目にForm要素の取得と変数への代入を追加しました。

次に、16行目でサブミット時に実行したい処理の登録を行っています。前回同様、onの第二引数に指定しているcallback関数には、イベントオブジェクを受け取るように引数「e」を設定しています。

今回イベントオブジェクトを使用し、イベントが発生した要素に紐づくブラウザの持つ機能（今回であれば、form要素のデータ送信）のキャンセルを行い、サブミットを中断しています。ブラウザの持つ機能のキャンセルには、イベントオブジェクトがもつpreventDefaultメソッドを使用します。e.preventDefault が実行されると、イベントが発生した要素に紐づくブラウザの持つ機能がキャンセルされ、データ送信が行われません。サブミットイベントが発生した場合、途中でキャンセルを行わなければ、サーバとの通信が実行されてページ遷移が発生します。

多くの場合、ページ遷移が発生しても問題はないのですが、今回のようにサブミット時にページ遷移はさせずに処理を実行したい場合、上に

※1 ここでは、入力値が削除されることをいう。

述べたようなキャンセル処理を行うことがあるので、覚えておきましょう。

「preventDefault」は「ブラウザが持つ機能のキャンセル」をするためのメソッドなんですよね？ form要素以外でもブラウザの機能が実行される要素ってあるんですか？

うん。aタグをクリックしたあとに発生するページ遷移なんかもこれに当たるね。たとえば「リンククリック時にJavaScriptで何らかの処理をしてからページを遷移させたい」なんてときにページ遷移をいったんキャンセルさせたりするんだ。

まとめ

- propは、HTMLの属性の取得や設定ができるjQueryメソッドで、第一引数に属性名、第二引数に設定値（必須ではない）を渡して使用する
- propに第一引数のみを渡して実行した場合、属性の設定値が取得できる
- フォームのサブミットが行われた場合、submitというイベントが発生する
- イベントオブジェクトが持つpreventDefaultメソッドは、要素に紐づくブラウザの持つ機能をキャンセルできる
- フォームのサブミットイベント発生時に実行される関数の中で、「e.preventDefault( )」を実行するとデータの送信が行われなくなる

CHAPTER 7

フォームバリデーターを作ってみよう

いよいよ最終課題です。本節ではバリデータと呼ばれる、フォームの入力値をチェックする機能を作成していきます。フォームにはタイトルと本文の2項目があり、バリデーターで行うチェックは以下の2点です。

- 入力値が存在するか？
- 入力値の文字数はx文字以内か？[1]

以下のように入力値が上記の条件を満たさない場合には、エラーメッセージを表示します。

1. 「js_introductory/chapter7」フォルダ内に「sample_7_5」というフォルダを作成する
2. 「js_introductory/chapter7/template_7」フォルダ内にあるファイル一式をコピーする

それでは、コードを書いていきましょう。

▽ コード7-5-1　**HTML**　js_introductory/chapter7/sample_7_5/index.html

```
001  <!DOCTYPE html>
002  <html lang="ja">
003  <head>
004    <meta charset="UTF-8">
005    <title>知識ゼロからのJavaScript入門 | Chapter7</title>
006    <link rel="stylesheet" href="./style.css">
007  </head>
```

----

[1] タイトルは10文字以内、本文は25文字以内とする。

フォームバリデーターを作ってみよう　Section 05

```
008  <body>
009    <header class="header">
010      知識ゼロからのJavaScript入門
011    </header>
012    <section class="contents">
013      <ul class="errors"></ul> // 追加
014      <form action="./"> // 追加
015        <div class="form_group"> // 追加
016          <label>タイトル</label> // 追加
017          <input type="text" name="title" class="title"> // 追加
018        </div> // 追加
019        <div class="form_group"> // 追加
020          <label>本文</label> // 追加
021          <textarea name="desc" class="desc" cols="30" rows="10"></textarea> // 追加
022        </div> // 追加
023        <button class="submit_btn">送信</button> // 追加
024      </form> // 追加
025    </section>
026    <script src="./jquery-3.3.1.js"></script>
027    <script src="./script.js"></script>
028  </body>
029  </html>
```

▽ **コード7-5-2**　CSS　js_introductory/chapter7/sample_7_5/style.css

```
     // 末尾に以下を追加
027  .form_group {
028    margin-bottom: 15px;
029  }
030
031  ul.errors li {
032    font-color: #ff0000;
033  }
```

>>> タイトルの文字数をチェックする

まずは、タイトル項目のテキストフィールドの入力文字数をチェックする処理を実装していきます。タイトル項目の入力文字数が「1文字以上10文字以下」という条件を満たさない場合、サブミットボタンを無効にし、正しい入力を促すメッセージを出力してみましょう。

▽ **コード7-5-3** `JavaScript` js_introductory/chapter7/sample_7_5/script.js

```javascript
001  var $title = $('.title');
002  var $errors = $('.errors');
003  var $submit_btn = $('.submit_btn');
004
005  $submit_btn.prop('disabled', true);
006
007  $title.on('keyup', function(){
008    var error_messages = [];
009    var title_length = $title.val().length;
010    if (title_length < 1) error_messages.push('タイトルは必須です');
011    if (title_length > 10) error_messages.push('タイトルは10文字以内でお願いします');
012
013    if (error_messages.length > 0) {
014      for(var cnt=0; cnt < error_messages.length; cnt++) {
015        $errors.append('<li>' + error_messages[cnt] + '</li>');
016      }
017      $submit_btn.prop('disabled', true);
018    } else {
019      $submit_btn.prop('disabled', false);
020    }
021  });
```

index.htmlを開いて、確認をしてみましょう。タイトル項目のテキストフィールドに10文字以上の情報を入力したタイミングで、「タイトル

>>> 158

は10文字以内でお願いします」というメッセージが出力されていれば、成功です。また、入力した情報をすべて削除したときに「タイトルは必須です」とメッセージが表示されることも確認しておきましょう。

　現状では、テキストフィールドに対して10文字以上の入力を行った場合、1文字ずつ入力／削除を行うたびに同じメッセージが重複して出てしまいますが、これはあとで修正します。現状においては、正しい挙動なので問題ありません。

▽ **図7-5-1　許容文字数をオーバーした場合**

▽ **図7-5-2　入力情報が削除された場合**

それではコードについて解説します。まず1〜4行目では、処理に必要な要素情報を取得し、変数に代入しています。「$title」にはタイトル項目のテキストフィールドの要素、「$errors」には正しい入力を促すメッセージの出力先の要素、「$submit_btn」にはサブミットボタンの要素がそれぞれ代入されています。

　5行目では、サブミットボタンを「disabled」にしています。これは、上記のコードが実行されるページ表示の時点では、テキストフィールドに入力値がないためです。

　続く7行目からは、タイトルのテキストフィールドにkeyupイベントが発生したときに、実行したい処理の登録をしています。まず、8行目では、エラーメッセージを格納するための配列を定義しています。テキストフィールドの入力値が条件を満たさない場合、この配列にメッセージが入ります。エラーメッセージは複数存在するため、配列を使用しています。

　次の10行目では、jQueryの「val」というメソッドを使用し、テキストフィールドの入力値を取得したあと、「length」で入力値の文字数を取得しています。valメソッドはレシーバ要素のvalue属性の値を返すメソッドなので、覚えておきましょう。

　10行目、11行目では、テキストフィールドの入力値が条件を満たしているかチェックを行い、条件を満たさない場合は、エラーメッセージを「error_messages」（=配列）に追加しています。

　pushメソッドは、配列にデータを追加するためのメソッドで、レシーバの配列に引数で渡ってきた情報を追加します。インデックス番号を用いて配列に情報を追加することもできるのですが、pushメソッドで追加を行ったほうが簡潔に処理が書けるため、「push」で追加しています。また、if文による条件分岐は、elseやelse ifで分岐を行う必要がない場合、以下のように1行で書くこともできます。コード7-5-3でもこの方法を用いています。

if (条件式) 処理

なお、1行で書く場合、処理を囲う「{ }」は省略可能です。

13行目の条件分岐では、「error_messages」内にメッセージが存在しているか否かで、処理の分岐を行っています。エラーメッセージが存在する場合[※1]、14〜16行目のfor文内で、jQueryのappendメソッドを使用し、エラーメッセージを「$errors」の子要素として追加しています。また、「$errors」はul要素なので、エラーメッセージはli要素として追加しています。

17、19行目では、エラーメッセージの有無でサブミットボタンの「disabled」を切り替えています。

ここまでの内容をブラウザでチェックしてみましょう。タイトルに10文字以上を入力、もしくはdeleteキーなどで入力文字数が0になったときにエラーメッセージが表示されることを確認しましょう。現状では、キー入力が行われるたびにエラーメッセージが重複して表示されますが、この問題はあとで解決するので、今はこの状態で正しいと思ってください。

>>> 本文の文字数を制限する

次は、タイトル項目と同様に、本文のテキストフィールドにも入力文字数の制限をかけていきます。「script.js」を以下のように修正してみましょう。

▽ コード7-5-4　　JavaScript　　js_introductory/chapter7/sample_7_5/script.js

```javascript
var $title = $('.title');
var $desc = $('.desc'); // 追加
var $errors = $('.errors');
var $submit_btn = $('.submit_btn');

$submit_btn.prop('disabled', true);

$title.on('keyup', function(){
    var error_messages = [];
    var title_length = $title.val().length;
```

※1　error_messages.length>0がtrueの場合。

```
011    if (title_length < 1) error_messages.push('タイトル
    は必須です');
012    if (title_length > 10) error_messages.push('タイトル
    は10文字以内でお願いします');
013
014   if (error_messages.length > 0) {
015     for(var cnt=0; cnt<error_messages.length; cnt++)
    {
016       $errors.append('<li>'+error_messages[cnt]+'</
    li>');
017     }
018     $submit_btn.prop('disabled', true);
019   } else {
020     $submit_btn.prop('disabled', false);
021   }
022 });
023
024 $desc.on('keyup', function(){ // 追加
025   var error_messages = []; // 追加
026   var desc_length = $desc.val().length; // 追加
027   if (desc_length < 1) error_messages.push('本文は必須
    です'); // 追加
028   if (desc_length > 25) error_messages.push('本文は25
    文字以内でお願いします'); // 追加
029
030   if (error_messages.length>0) { // 追加
031     for(var cnt=0; cnt<error_messages.length; cnt++)
    { // 追加
032       $errors.append('<li>'+error_messages[cnt]+'</
    li>'); // 追加
033     } // 追加
034     $submit_btn.prop('disabled', true); // 追加
035   } else { // 追加
036     $submit_btn.prop('disabled', false); // 追加
037   } // 追加
038 });
```

　index.htmlを開いて、確認してみましょう。タイトル同様に本文項目
に文字を入力し、25文字以上もしくは1文字以下[1]で、メッセージが表
示されていれば成功です。

※1　入力値がない状態。

それでは、コードの解説に移ります。まず、2行目では本文項目の要素情報の取得及び変数「$desc」への代入処理を追加しています。

　24行目以降では、先ほどのタイトル項目同様に「$desc」のkeyupイベント発生時に実行する処理として、入力文字数の制限とサブミットボタンの有効／無効を切り替える処理を登録しています。

　タイトル項目と異なるのは、26〜28行目におけるエラーメッセージ作成部分のみです。

▽ **図7-5-3　許容文字数をオーバーした場合**

▽ **図7-5-4　入力情報が削除された場合**

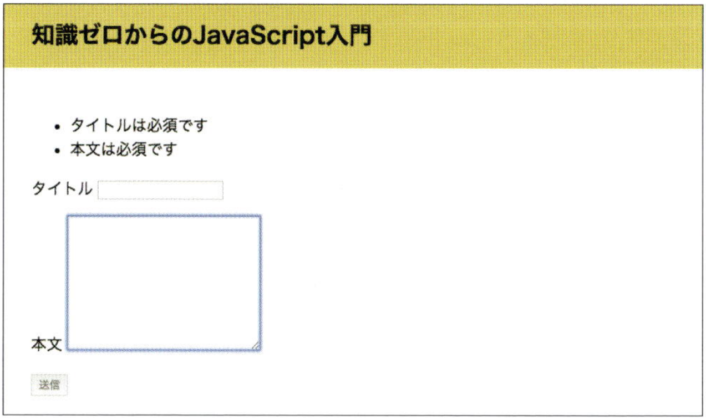

冗長なコードを簡潔に修正する

コード7-5-4は想定どおりの挙動をしますが、一つ問題があります。そ
れはタイトル／本文のkeyupイベント時の処理において、ほとんど同じ
処理が数行に渡って書かれていることです。同じようなことをしている
処理を2回も書いているのです。このような場合、共通部分を関数化す
ることで、コードの簡潔にすることができます。

次は、共通で使いまわせる処理を関数化し、冗長なコードを修正して
いきます。script.jsを以下のように修正してみましょう。

▽ **コード7-5-5** `JavaScript` js_introductory/chapter7/sample_7_5/script.js

```javascript
001  var $title = $('.title');
002  var $desc = $('.desc');
003  var $errors = $('.errors');
004  var $submit_btn = $('.submit_btn');
005
006  $submit_btn.prop('disabled', true);
007
008  function validate() { // 追加
009    var error_messages = []; // 追加
010    var title_length = $title.val().length; // 追加
011    if (title_length < 1) error_messages.push('タイトル
は必須です'); // 追加
012    if (title_length > 10) error_messages.push('タイトル
は10文字以内でお願いします'); // 追加
013
014    var desc_length = $desc.val().length; // 追加
015    if (desc_length < 1) error_messages.push('本文は必須
です'); // 追加
016    if (desc_length > 25) error_messages.push('本文は25
文字以内でお願いします'); // 追加
017
018    if (error_messages.length > 0) { // 追加
019      for(var cnt=0; cnt<error_messages.length; cnt++)
{ // 追加
020        $errors.append('<li>'+error_messages[cnt]+'</
```

フォームバリデーターを作ってみよう　Section 05

```
     li>'); // 追加
021    } // 追加
022    $submit_btn.prop('disabled', true); // 追加
023  } else { // 追加
024    $submit_btn.prop('disabled', false); // 追加
025  } // 追加
026 } // 追加
027
028 $title.on('keyup', validate); // 変更
029
030 $desc.on('keyup', validate); // 変更
```

　index.htmlを開いて、確認してみましょう。修正前と同じ挙動をしていれば成功です。

　上記の修正では、8〜26行目で「validate」[※1]という名前の関数を作成し、onメソッドの実行時に引数として渡していた処理を、共通で使用できるように変更しました。28、30行目のkeyupイベント発生時の処理登録では、共通化した関数を引数として渡しています。冗長な処理をひとまとめにしたことにより、かなりコードがスッキリしました。

>>> **エラーメッセージの重複を解消する**

　しかし、まだ解決していない課題が一つありました。現状では、入力制限に引っかかった状態で文字の入力／削除を行うと、エラーメッセージが重複して表示されてしまいます。入力値を変更するたびにメッセージが増えていくのはわずらわしいので、この問題を解決してメッセージの重複を防ぎましょう。

　今回追加するコードは、たった1箇所です。以下のように、script.jsの18行目にある処理を追加してみましょう。

※1　validateは検証という意味。

▽ **コード7-5-6** `JavaScript` js_introductory/chapter7/sample_7_5/script.js

```
016    if (desc_length > 25) error_messages.push('本文は25
文字以内でお願いします');
017
018   $errors.html(''); // 追加
019   if (error_messages.length>0) {
020      for(var cnt=0; cnt<error_messages.length; cnt++)
{
021        $errors.append('<li>'+error_messages[cnt]+'</
li>');
022      }
023      $submit_btn.prop('disabled', true);
024   } else {
025      $submit_btn.prop('disabled', false);
026   }
027 }
028
029 $title.on('keyup', validate);
030
031 $desc.on('keyup', validate);
```

　index.htmlを開いて、確認してみましょう。メッセージが重複せずに表示されるようになっていれば成功です。

　18行目で実行している、jQueryのhtmlメソッドは、レシーバ要素が持つHTMLの取得／変更を行うことができます。引数が存在する場合は、引数で渡した値にレシーバ要素内のHTMLが変更されます。今回は、引数として空の文字列を渡しています。この場合、レシーバとなる要素（$errors）が持つHTML要素が空になります。エラーメッセージ出力処理の前に、「$errors」内のHTMLを空にすることで、メッセージの重複を防いでいます[1]。ブラウザからエラーメッセージが重複して表示されないことを確認しましょう。

〉〉〉 サブミット時の処理を追加する

　さて、いよいよ次が本節最後の修正です。前節のサンプルプログラム

---

[1] 「$errors」が子要素として持つli要素（エラーメッセージ）が消えるため。

フォームバリデーターを作ってみよう　Section 05

同様に、サブミット時にページ遷移をキャンセルし、ポップアップの表示と入力値のリセットを行います。「script.js」を以下のように修正してみましょう。

▽ **コード7-5-7**　`JavaScript`　js_introductory/chapter7/sample_7_5/script.js

```javascript
001 var $form = $('form'); // 追加
002 var $title = $('.title');
003 var $desc = $('.desc');
004 var $errors = $('.errors');
005 var $submit_btn = $('.submit_btn');
006
007 $submit_btn.prop('disabled', true);
008
009 function validate() {
010   var error_messages = [];
011   var title_length = $title.val().length;
012   if (title_length < 1) error_messages.push('タイトル
は必須です');
013   if (title_length > 10) error_messages.push('タイトル
は10文字以内でお願いします');
014
015   var desc_length = $desc.val().length;
016   if (desc_length < 1) error_messages.push('本文は必須
です');
017   if (desc_length > 25) error_messages.push('本文は25
文字以内でお願いします');
018
019   $errors.html('');
020   if (error_messages.length>0) {
021     for(var cnt=0; cnt<error_messages.length; cnt++)
{
022       $errors.append('<li>'+error_messages[cnt]+'</
li>');
023     }
024     $submit_btn.prop('disabled', true);
025   } else {
026       $submit_btn.prop('disabled', false);
027   }
```

167

```
028  }
029
030  $form.on('submit', function(e){  // 追加
031    e.preventDefault();  // 追加
032    $title.val('');  // 追加
033    $desc.val('');  // 追加
034    alert('入力内容が送信されました');  // 追加
035  });  // 追加
036
037  $title.on('keyup', validate);
038
039  $desc.on('keyup', validate);
```

index.htmlを開いて、確認してみましょう。サブミット後にポップアップが表示され、入力値がリセットされていれば成功です。

▽ 図7-5-5

それでは、コードについて解説します。まず1行目で、form要素を取得して変数への代入を行っています。30行目から、フォームにサブミットイベントが発生したときに実行したい処理の登録を追加しています。ハンドラ内の処理は、31行目でページ遷移のキャンセル、32、33行目でテキストフィールドのリセット、34行目でポップアップの表示となっています。

いかがでしょうか。本章を通じて、jQueryを使用した開発の輪郭をつかめたのではないでしょうか。

まとめ

- jQueryのvalメソッドは、レシーバ要素のvalue属性値の取得／設定をすることができる
- 配列へのデータ追加は、pushメソッドでも行うことができる
- else、else ifが存在しない条件分岐は、1行で書くことができる
- jQueryのappendメソッドは、レシーバの要素内にHTMLを追加することができる
- 冗長なコードは、共通処理を関数化することで、簡潔にできる場合が多い
- jQueryのhtmlメソッドは、レシーバ要素が持つHTMLの取得／設定を行うことができる

≫ 170

CHAPTER
8

JavaScriptについて
さらに深く知ろう

本章では、ここまでに触れなかった、変数の有効範囲やDOMイベントの伝播の仕組み、同期処理と非同期処理、Ajaxなどについて解説します。これらはJavaScriptをもっと深く使いこなすために重要な知識です。思わぬバグや挙動に悩まされないためにも一読をおすすめします。

CHAPTER 8

ECMAScriptが生まれた背景

　JavaScriptが生まれたのは、1995年のことです。当時主流であったブラウザであるNetscape Navigator[※1]2.0に初めて実装されました。当初はLiveScriptという名前で開発が進められていましたが、当時勢いのあったJavaという言語に便乗し、JavaScriptという名前になりました。

　その翌年の1996年にMicrosoft社がInternet Explorer[※2]3.0を発表し、IEへのJavaScriptの搭載を試みました。しかし、NNの開発元であるMercurial Communications社はライセンスの供与を行わなかったため、IEへのJavaScript搭載が困難となりました。そこで、マイクロソフトは、JavaScriptによく似たJScriptという言語を開発し、自社のブラウザに搭載しました。このJScriptは名前／用途ともにJavaScriptと似てはいますが、非互換な部分が多く、開発者はブラウザごとにJavaScriptとJScriptを書き分ける必要がありました。

⟫⟫ ブラウザ間の互換性の確保

　その後、1997年になり、Mercurial Communications社がブラウザの互換性のない状態を解決しようと、ECMAという機関にJavaScriptの標準化を依頼しました。そうして生まれたのが最初のECMAScript（ECMA-262 初版）です。

　ここまでの話をまとめると、ECMAScriptとは、JavaScriptにおけるブラウザ間の互換性を保つために作られた、JavaScriptの標準ということになります。この後、紆余曲折はあったものの、ECMAScriptは現在でもJavaScriptの標準として、更新され続けています。

※1　通称ネットスケープシリーズ。以下、NNと略す。
※2　以下、IEと略す。

ECMAScriptが生まれた背景　Section 01

■ **準拠するバージョンについて**

　ECMAScriptは、多くの場合、バージョンに応じてESx[1]と呼ばれます。今後みなさんがJavaScriptを学んでいく中で「ESxでは云々」といった話を耳にするかと思いますが、このような議論が行われているのは、どの標準（ECMAScriptのバージョン）に合わせてJavaScriptを書くかによって、扱える機能が異なってくるからだ、ということを覚えておきましょう。

COLUMN

JavaScriptの言語バージョンについて

　本文中でも触れましたが、JavaScriptを含め、プログラミング言語にはバージョンという概念が存在し、バージョンによって使用できる機能に若干の差があります。多くのプログラミング言語は、インストール時に使用する言語のバージョンを指定するのですが、JavaScriptの場合は事情が異なります。これは、第2章でも説明しましたが、JavaScriptはブラウザに実装されている言語であるため、言語のバージョンはブラウザのバージョンに依存します。プログラマが言語のバージョンを指定することができないのです。そのため、JavaScriptのコードを書く場合、現在使用されている大半のブラウザで動くバージョンの記法を使います。

　本書執筆時点では、ES6（ES2015）の仕様に基づいたコードが主流になりつつありますが、一部の古いブラウザにおいては、ES6の機能に対応していないものも存在するため、ES5という1つ前のバージョンでコードを書くこともまだ多いでしょう。ただし、基本的な文法において、ES5とES6でそれほど大きな差があるわけではありません。誤解を恐れずにいうと、現時点においては「バージョンが上がると、いくつかの便利な機能や記法が使用できるようになる」程度に考えておけばよいでしょう。

※1　xはバージョン。ES6はES2015とも呼ばれ、そのあとはES2016、ES2017といったバージョンが策定されている。

173

CHAPTER 8

スコープについて

　スコープとは、変数の有効範囲を指します。ここでの「有効」とは、「変数が参照可能である」ということです。「いきなり、そんなことを言われても……」と思う人がほとんどでしょうから、スコープを理解するためのコードを示します。

≫ スコープとは何か

　まずは、以下のコードを見てください。

▽ コード8-2-1　JavaScript

```
001 var name = 'Ken';
002 console.log(name) // 結果:「Ken」と表示される
```

　このコードは、変数の値をConsoleに表示しているだけのコードです。当たり前に思うかもしれませんが、これは「name」という変数が参照可能な領域（スコープ）で「console.log」を実行しているため、上のような結果になります。
　次に以下のコードを見てください。

▽ コード8-2-2　JavaScript

```
001 function func1() {
002   var name = 'Ken';
003   console.log(name);
004 }
005
```

```
006   func1(); // 結果:「Ken」が表示される
007   console.log(name) // 結果:「Uncaught ReferenceError:
      name is not defined」というエラーが発生する
```

このコードでは、「console.log」を2回実行し、変数「name」の値を出力しています。1回目は「func1」という関数の中で「name」を参照しています。これは想定どおり変数の内容がConsoleに表示されます。

しかし、2回目の「console.log」の結果はエラーとなってしまいます。これは2回目の「console.log」実行時、変数「name」が参照不可であったためにエラーが発生しています。変数「name」を宣言しているにも関わらず、なぜこのような結果になるのでしょうか。

この理由がスコープです。すでに述べたとおり、スコープとは「変数の有効範囲」を指します。ここで注目してほしいのは、コード8-2-2では変数「name」が関数「(func1)」内で宣言されている点です。これは、関数の内側で宣言をした変数は、関数の外側からは参照できないことを意味します。

なぜなら、スコープは関数単位で作成されるものだからです。関数の外側の領域をグローバルスコープ、内側の領域をローカルスコープといいます。

コード8-2-2のスコープの状態を図で表すと、次のようになります。

▽ 図8-2-1

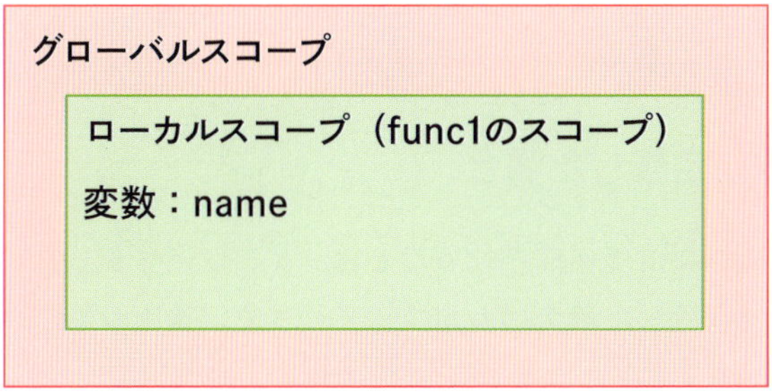

グローバルスコープ

> **ローカルスコープ（func1のスコープ）**
> 変数：name

また、ローカルスコープでの変数の変更は、基本的に[※1]グローバルス

※1　「基本的に」の理由は後述する。

コープに影響を与えないということもお伝えしておきます。

　これは関数の内側での変数の変更は、たとえ外側に同名の変数があったとしても、関数の外側には影響を与えないことを意味します。

　次のコードを参照してください。

▽ **コード8-2-3** `JavaScript`

```javascript
var name = 'Ken';

function func1() {
  var name = 'Toshi';
  console.log(name);
}

func1() // 結果：「Toshi」が表示される
console.log(name); // 結果：「Ken」が表示される
```

　「func1」の中では、グローバルスコープにある変数「name」と同名の変数を新たに定義し、Consoleに表示をしています。関数内（ローカルスコープ内）の「console.log」では、期待どおり、新たに変数に代入をした「Toshi」という文字列が表示されます。

　しかし、次のグローバルスコープで実行している「console.log」では、「Ken」がConsoleに表示されます。これは、ローカルスコープにおける変数の変更が、グローバルスコープに影響を与えないことの証明になります。

>>> 関数内に関数を定義した場合

　さて、スコープが関数単位で作成されることは、すでに述べました。これは関数内に関数を定義した場合にも当てはまります。驚くかもしれませんが、JavaScriptでは以下のように関数の中に関数を定義することができるのです。

▽ コード8-2-4　**JavaScript**

```javascript
001 function func1() {
002   var name = 'Ken';
003
004   function func2() {
005     var age = 18;
006     console.log(name);
007     console.log(age);
008   }
009
010   func2();
011   console.log(name);
012   console.log(age);
013 }
014
015 func1();
```

コード8-2-4で「func1」を実行すると、次のような結果になります。

Ken

18

Ken

Uncaught ReferenceError: age is not defined

　見慣れない記法で違和感を覚えるかもしれませんが、コード8-2-4では、関数「func1」の中で新たに関数「func2」を定義し、それを実行しています。そのため、まずは「func1」を実行すると内部で「func2」の中の「console.log」が実行されます。この結果は、期待どおり「Ken」のあとに「18」がConsoleに表示されます。

　続いて、「func1」の中の「console.log」が実行されます。結果として、「Ken」と表示されたあとに、エラー「Uncaught ReferenceError: age is not defined」が発生します。これは、「func2」の中で定義された変数「age」が、「func2」のローカルスコープでのみ有効な変数だからです。

　ここで注目してほしいのは、関数の中で関数を定義した場合でも、次

の図のように新たにスコープが作成され、外のスコープ（今回は「func1」
で作成されるスコープ）に包含されるということです。なお、次の図は
「func2」のスコープを中心に見た場合のスコープの状態を表しています。

▽ 図8-2-2

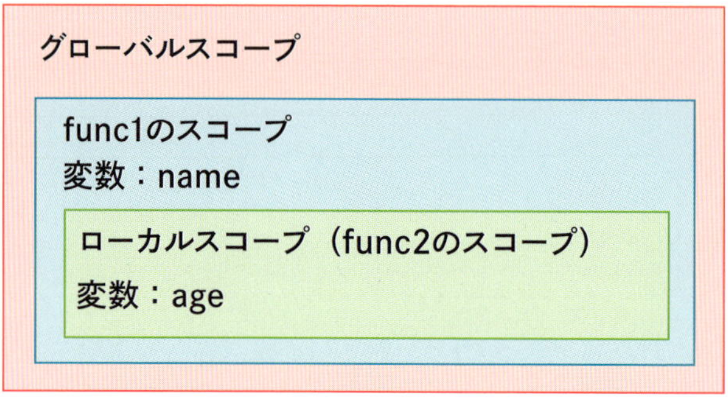

グローバルスコープ

func1のスコープ
変数：name

ローカルスコープ（func2のスコープ）

変数：age

>>> 変数の宣言には「var」を忘れない

　ここまでの話をまとめると、スコープには大きく分けて、次の3つの
特徴があることがわかりました。

1. スコープは関数単位で作成される
2.「外側のスコープ」から「内側のスコープ」の変数は参照できない
3.「内側のスコープ」から「外側のスコープ」の変数は参照できる

　通常関数内の処理で利用する情報（ローカル変数）は、その関数の中
でのみ有効であるべきです。関数内の情報が外のスコープに影響を与え
てしまう状態は、多くの場合、バグの温床となります。
　スコープのおかげで、関数内の情報（ローカル変数）の影響範囲をそ
の関数の中に閉じ込めることができていると考えると、スコープが重要
な役割を担っていることがわかるでしょう。

とはいえ、私たちは、このスコープを簡単に壊してしまうことができます。本書で最初に変数を紹介したときに、「変数を扱うときは、varで宣言を行う」と述べました（P33参照）。しかし、実際のところvarを使用せずとも変数を扱うことはできます。

次のコードを参照してください。

▽ **コード8-2-5** `JavaScript`

```
001  function fun1 () {
002    name = 'Ken';
003    console.log(name);
004  }
005
006  func1(); // 結果：「Ken」が表示される
007  console.log(name) // 結果：「Ken」が表示される
```

コード8-2-5はコード8-2-3とよく似ていますが、変数「name」に値を代入する際に、「var」を省略して変数の定義を行っています。驚くかもしれませんが、このコードを実行してもエラーにはなりません。グローバルスコープ上での「console.log(name)」でもエラーは発生せず「Ken」が表示されます。

この結果は、「var」を付けずに変数に値を代入した場合、その変数は問答無用でトップレベルのグローバルスコープに属する変数（グローバル変数）として扱われることを意味します。「var」を使用しないだけで、変数は簡単にスコープを飛び越え、関数の外側に影響を与えてしまうのです。

この状態は、非常に危険であり、バグの温床となります。グローバル変数は、広範囲に影響を及ぼすため、極力数を減らすべきです。そのため、現時点では、変数を利用する際は、必ず「var」で宣言を行った上で、使用するべきであると覚えておきましょう。

スコープに関して述べるべきことは、これだけではないのですが、JavaScriptの入門書である本書では、ここまでにとどめておきます。以

下のまとめをよく覚えておいてください。

まとめ

- 変数には有効範囲が存在し、これをスコープという
- スコープは関数単位で作成される
- 関数の内側のスコープをローカルスコープといい、ローカルスコープで宣言された変数はローカル変数という
- 一番外側のスコープをグローバルスコープといい、グローバルスコープで宣言された変数はグローバル変数という
- 「var」を使用せずに変数に代入をした場合、その変数はグローバルスコープの変数として扱われる
- 変数を使用するときは、必ず「var」で宣言を行うべきである

DOMイベントについて　Section 03

CHAPTER 8

Section
03

DOMイベントについて

本節では、DOMのイベントについて少し掘り下げて紹介します。

》》 イベントが伝わっていく仕組み

　これまで本書のサンプルでもDOMイベント発生時に何かしらの処理を実行するようなコードを書いてきました。addEventListenerやjQueryのonがこれにあたります。しかし、これまでに学んだ知識だけでは、DOMイベント発生時にコードが意図しない挙動をする可能性があります。

　まずは以下のコードを見てください。

▽ **コード8-3-1**　　HTML

```
001  (省略)
002  <body>
003      <button id="btn1">ボタン</button>
004      <div id="box">
005          <button id="btn2">ボタン</button>
006      </div>
007  </body>
008  (省略)
```

▽ **コード8-3-2**　　JavaScript

```
001  var box = document.getElementById('box');
002  var btn1 = document.getElementById('btn1');
003  var btn2 = document.getElementById('btn2');
004
```

181 《《

```
005  box.addEventListener('click', function() { console.
     log('boxがクリックされたよ'); });
006  btn1.addEventListener('click', function() { console
     .log('btn1がクリックされたよ'); });
007  btn2.addEventListener('click', function() { console
     .log('btn2がクリックされたよ'); });
```

　コード8-3-1とコード8-3-2では、HTML内のすべての要素にクリック
イベント発生時に実行される関数（リスナー）を登録しています（以下、
それぞれの要素はid名で記載します）。

　また、HTMLを見てもわかる通り、「box」と「btn2」というidを持っ
た要素は親子関係にあります。この状態で「btn1」がクリックされると
どのような結果になるでしょうか。

　Consoleには、以下のような結果が表示されます。

btn1がクリックされたよ

　これは、みなさんも期待したとおりの結果でしょう。

　続いて、「btn2」をクリックします。多くの人は、「btn2」に紐づいた
リスナーが実行され、「btn2がクリックされたよ」がConsoleに表示され
ることを期待しているのではないでしょうか。

　しかし、Consoleには以下のように表示されます。

btn2がクリックされたよ
boxがクリックされたよ

　「btn2」をクリックしたはずが、親要素「box」のリスナーまで実行さ
れてしまいました。多くの場合、このような結果は望ましくありません。
なぜこのような挙動をするのでしょうか。

　この挙動を紐解くには、まずイベントフェーズについて知っておく必
要があります。DOMに対してイベントが発生した場合、以下のようにい

くつかのフェーズに分かれてイベントがDOMに伝播します。

▽ 図8-3-1

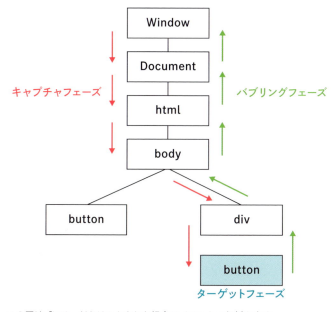

この図は「btn2」がクリックされた場合のイベントの伝播を表す。

　図8-3-1のとおり、イベントが発生した際、イベントはWindowから順にイベントターゲット（イベントが発生したDOM）まで伝播します。これを「キャプチャフェーズ」といいます。詳細は後述しますが、通常このフェーズ中に通ったDOMのリスナーは実行されません[※1]。

　このキャプチャフェーズ後、イベントターゲットのリスナーが実行されます。これを「ターゲットフェーズ」といいます。今回の場合、「btn2」がイベントターゲットとなり、この時点で「btn2」のリスナーが実行されることになります。

　ターゲットフェーズを終えると、次にバブリングフェーズが始まります。このフェーズでは、キャプチャフェーズとは逆の順でイベントターゲットからWindowまでイベントが伝播します。

※1　WindowはDOMではないが、イベント発生時においてはDocumentの親のように扱われる。

通常、addEventListenerを実行する場合、発生したイベントに紐づく
リスナーが登録されていれば、親要素のイベントリスナーはこのタイミ
ングで実行されることになります。

　つまり、コード8-3-1とコード8-3-2はターゲットフェーズで子要素
（id=btn2）のリスナーが実行された後に、バブリングフェーズで親要素
（id=box）のイベントリスナーが実行されていることになります。イベ
ントが伝播時にDOMを通る際、DOMが発生したイベントに該当するリ
スナーを持っていれば、このフェーズにいずれかで1度だけ実行される
ことになります。

》》 addEventListenerの第三引数

　ここで、addEventListenerの第三引数について触れておきます。

　この引数には「useCapture」という名称がついており、キャプチャ
フェーズでリスナーを実行するかを判定するための真偽値が入ります。
省略した場合、falseと見なされてバブリリングフェーズでリスナーが実
行されます。なお、コード8-3-2では真偽値が省略されています。

　試しに、以下のように「box」に対するaddEventListener実行時に第三
引数を「true」にした場合の挙動を見てみましょう。

▽ **コード8-3-3** `JavaScript`

```
001  var box = document.getElementById('box');
002  var btn1 = document.getElementById('btn1');
003  var btn2 = document.getElementById('btn2');
004
005  box.addEventListener('click', function() { console.
     log('boxがクリックされたよ'); }, true);
006  btn1.addEventListener('click', function() { console
     .log('btn1がクリックされたよ'); });
007  btn2.addEventListener('click', function() { console
     .log('btn2がクリックされたよ'); });
```

この変更により、「box」のリスナーはキャプチャフェーズで実行されるようになったため、実行結果は以下のようになります。

boxがクリックされたよ
btn2がクリックされたよ

しかし、いずれの場合も親要素のリスナーが実行されてしまいます。イベントターゲットのリスナーのみを実行したい場合は、イベントオブジェクトのメソッドである「stopPropagation」を実行することで、子要素から親要素への伝播をキャンセルすることができます。

以下のようにコードを変更することで、「btn2」から親要素への伝播をキャンセルすることができます。

▽ **コード8-3-4** `JavaScript`

```
001  var box = document.getElementById('box');
002  var btn1 = document.getElementById('btn1');
003  var btn2 = document.getElementById('btn2');
004
005  box.addEventListener('click', function() { console.
     log('boxがクリックされたよ'); });
006  btn1.addEventListener('click', function() { console
     .log('btn1がクリックされたよ'); });
007  btn2.addEventListener('click', function(e) {
008    e.stopPropagation();
009    console.log('btn2がクリックされたよ');
010  });
```

コード8-3-4の実行結果は以下のとおりです。

btn2がクリックされたよ

ここで紹介したイベントの伝播を知らないと、何らかのイベントが発

生した時に意図しない処理が実行されてしまい、混乱の原因となるので、しっかりと押さえておきましょう。

まとめ

- DOMに対しイベントが発生した場合、いくつかのフェーズに分かれてイベントが伝播する
- Windowからイベントターゲット（イベントが発生した要素）にイベントが伝播するフェーズをキャプチャフェーズという
- イベント発生した要素が検出され、リスナーが実行されるフェーズをターゲットフェーズという
- ターゲットフェーズからWindowまでキャプチャフェーズとは逆の順番でイベントが伝播するフェーズをバブリングフェーズという
- addEventListenerの第三引数はキャプチャフェーズでリスナーを実行するかを判定するための真偽値（useCapture）となる
- 「useCapture」の設定を省略した場合は、falseとして処理が実行される
- イベントオブジェクトの「stopPropagation」メソッドを使用することで、バブリングフェーズをキャンセルすることができる

CHAPTER 8

Section 04
同期処理と
非同期処理について

本書ではJavaScriptでさまざまな処理を書いてきましたが、処理には同期処理と非同期処理という2種類が存在します。

》》 同期処理とは何か

通常、JavaScriptの処理の多くが同期処理に分類されます。基本的にJavaScriptの処理が実行されている最中は、ほかの処理を同時に実行することはできません。たとえば、以下の処理を実行した際、「func1」「func2」「func3」の3つは同時には実行されません。当たり前に思うかもしれませんが、実行順に処理の結果が表示されます。

▽ コード8-4-1　　JavaScript

```javascript
function func1() {
  console.log('hoge');
}

function func2() {
  console.log('fuga');
}

function func3() {
  console.log('piyo');
}

func1();
func2();
func3();
```

コード8-4-1の実行結果は以下のとおりです。

hoge
fuga
piyo

このように、同期処理では実行順に処理が行われます。

▽ 図8-4-1
同期処理

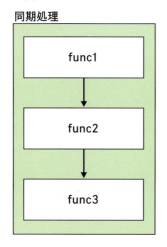

　すでに述べたように、JavaScriptでは、多くの処理は同期処理として実行されます。この同期処理は「実行に時間を要する複雑な処理」などである場合、しばしば問題になります。なぜなら、同期処理実行時、ユーザーはブラウザからの操作が行えない状態となり、待ち時間が発生することになるからです。このような「ユーザーがブラウザ上で操作が行えない状態」は、ブロッキングと呼ばれます。ブラウザから何も操作が行えない時間が長いと、WEBサイトのユーザビリティを大きく損ねることになります。
　ただし、これまで本書で扱ってきた程度の処理であれば、ユーザーに

同期処理と非同期処理について　　Section 04

待ち時間を意識させることなく処理の実行が完了します。そういった意味で、読者のみなさんがこの問題に直面するのは、もう少し先のことになるかもしれません。とはいえ、同期処理／非同期処理について知っておくことは、この先JavaScriptと付き合っていくうえで、決して無駄にはならないので、本節で押さえておきましょう。

》》 非同期処理とは何か

　同期処理が順次実行されるのに対して、非同期処理では「ある条件を満たした場合に、この処理を実行してね」という予約のみを行って次の処理に移ることで、ブロッキングによる待ち時間を軽減することができます。

　この予約に該当する処理は同期処理として行われますが、このときに実行される処理はあくまで「処理の予約」なので、基本的にユーザーに待ち時間を意識させることはありません。

　では、どのような方法で「処理の予約」を実現できるのでしょうか。実は、これを実現する方法は、本書ですでに解説しています。5-4節「現在時刻を表示してみよう」で扱った「setInterval」は、「処理の予約」を実現できる関数の一つです。

　ここで、「setInterval」のおさらいをしましょう。

setInterval(処理, 時間);

　「setInterval」は、処理（関数）と時間を引数にとり、第二引数で渡した時間が経過すると第一引数の処理を実行し、これを繰り返します。「setInterval」のこの挙動は、「一定時間が経過したら、この処理を実行してね」という予約処理ととらえることができます。「setInterval」実行時は、処理の予約のみ行って次の処理に移るため、すでに述べたような非同期処理の条件を満たします。

　たとえば、コード8-4-1を「func1」と「func2」の処理が「setInterval」

で実行されるように変更してみます。

▽ **コード8-4-2** `JavaScript`

```javascript
function func1() {
    console.log('hoge');
}

function func2() {
    console.log('fuga');
}

function func3() {
    console.log('piyo');
}

setInterval(func1, 3000);
setInterval(func2, 5000);
func3();
```

　このコードの実行結果は以下のようになります。なお、「hoge」と
「fuga」は時間が経過するたびに繰り返し表示されます

piyo
hoge
fuga

　「setInterval」では、第2引数で指定した時間が経過したら処理を実行
するように予約を行い、次の処理に移っています。そのため、「func3の
結果が最初に表示され、指定時間が経過したのちに「func1」と「func2」
の結果が表示されます。
　このコードを図にすると以下のようになります。

▽ 図8-4-2

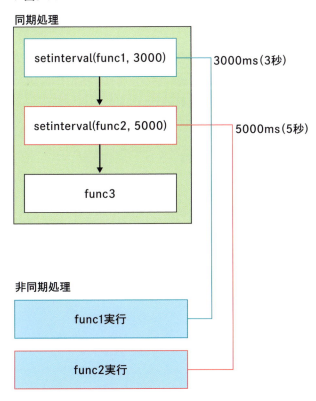

　このように「setInterval」では処理の予約のみを行い、次の処理に進んでいることがわかります。これまでも触れてきましたが、ある条件を満たしたときに実行される関数をコールバックと呼びます。今回は「func1」と「func2」がコールバックとして実行されていることになります。

　本節では、同期処理／非同期処理を解説するため、かなり極端なコードを例にあげました。実際の現場でこのようなコードを書く機会は、あまり多くありません。しかし、同期処理と非同期処理がそれぞれどのような性質を持っているものなのかは、本節でしっかりと押さえておきましょう。

まとめ

- JavaScriptの処理には、同期処理と非同期処理という2種類が存在する
- 同期処理は順次実行される
- 同期処理が実行されている最中、ユーザーはブラウザ上からの操作が行えない（この状態をブロッキングという）
- 同期処理に対し、非同期処理では「条件を満たした場合に、ある処理を実行」という予約（コールバックの設定）で、ブロッキングによる待ち時間を軽減する
- JavaScriptでは「setInterval」などのメソッドを使用することで非同期処理を実現することができる

CHAPTER 8

Ajaxについて

本節では、第2章で触れたAjaxについて、補足しておきます。

Ajaxとは「Asynchronous JavaScript ＋ XML」の略称で、JavaScriptとサーバが通信を行うための技術を指します[※1]。第1章ですでに述べたように、WEBページ、ないしはWEBサービスの利用は、ブラウザ（クライアント）とサーバが通信を行い、成り立っています。しかし、Ajaxを用いる際は、ブラウザの代わりにJavaScriptがサーバと通信を行います。

これによって、どういうメリットがあるのでしょうか。本節では、Ajaxのメリットや仕組み、実現現方法などを順を追って説明します。

》》》 Ajaxとは何か

まず、ブラウザとサーバが通信を行うケースを再度見てみましょう。

▽ 図8-5-1

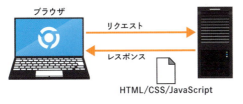

ブラウザがサーバと通信を行う際は、ブラウザのアドレスバーにURLを入力し、サーバにリクエストを送ります。サーバはリクエストに応じて、レスポンスデータ（多くの場合ではHTML）を返すことで、WEBページがブラウザ上に表示されます。当たり前に思うかもしれませんが、こ

※1　Ajaxでは、リクエストの送信処理／レスポンスデータの受信処理はJavaScriptの非同期処理として実行されるため、Ajaxを用いたサーバとの通信は、非同期通信と呼ばれる。

のケースではブラウザにWEBページを表示する際、ページのリフレッシュが発生します。

しかし、リフレッシュを行わずにページ内のコンテンツを更新したいケースも少なくありません。そんなとき、Ajaxを利用すれば、リフレッシュなしでコンテンツを更新できるのです。

Ajaxを用いたサービスの代表例として、Googleマップがあります。

▽ 図8-5-2

Googleマップ（https://www.google.com/maps/?hl=ja）

　Googleマップを利用すればわかりますが、Googleマップのページ内ではウィンドウを移動することで、マップの情報がリアルタイムに更新されます。ただし、Googleマップでは、ページ内のコンテンツが更新されているにも関わらず、リフレッシュは発生しません。これは、GoogleマップがAjaxを用いて実現されているサービスであるためです。

　Googleマップのようなサービスの場合、ウィンドウの移動が行われるたびにページのリフレッシュが発生しては、更新に時間がかかってしまい、ユーザーがサービスを快適に利用することが難しくなります。このため、GoogleマップではAjaxを用いてページ内コンテンツの更新を行っています。

Ajaxで通信を行う場合、リクエストとレスポンスは以下のように行われます。

▽ **図8-5-3**

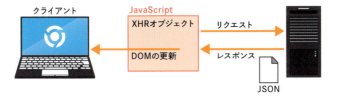

上記の図からもわかるとおり、JavaScript[※1]でサーバにリクエストを送り、レスポンスを受け取ります。また、レスポンスを受け取ったあとは、JavaScriptでレスポンスデータの描画を行います。レスポンスデータから必要な情報を取り出し、bodyタグ内の更新したい箇所を変更するイメージです。そのため、ブラウザに表示されいてるHTMLファイル自体を取り直す訳はないので、リフレッシュが発生しません。

》》》 JSONについて

Ajaxを利用する場合、多くはJSONというデータをレスポンスデータとして利用します[※2]。JSONは「JavaScript Object Notation」の略で、名前のとおり、JavaScriptのオブジェクトによく似たフォーマットのデータです。

以下は、JSONデータの一例です。

▽ **コード8-5-1** `JavaScript`

```
{
    "name": "Ken",
    "age": 14,
    "hobbies": ["tennis", "fishing"],
```

※1 厳密には、JavaScriptのXHR（XMLHttpRequest）オブジェクトのこと。
※2 HTMLやXML形式のデータもレスポンスデータとして扱うことが可能だが、本書では詳細を割愛する。

```
005        "family": {"father": "Taro", "mother": "Kuniko",
     "sister": "Tomomi"}
006  }
```

コード8-5-1からも、JSONがオブジェクトに非常によく似たキーバ
リュー型のデータであることがわかります。

しかし、オブジェクトと比較した場合、いくつか違いがあります。

■ 扱える値
JSON内で有効な（扱える）データは以下のとおりです。

文字列, 数値, 配列, 連想配列

ここで、連想配列について少し補足をしておきます。

3-10節「名前の付いた情報のまとまりを扱ってみよう——オブジェク
ト」でも触れましたが、連想配列とは名前付きの配列のようなものです。
{ } で囲われたキーバリュー型のデータは、JavaScriptにおいてはオブジェ
クトとして扱われますが、ほかの多くの言語では、連想配列として扱わ
れます。以下に記載するルールはあるものの、JSONはキーバリュー型
の値という意味で、連想配列に近いフォーマットのデータといえます。

■ キー名
キー名は必ず文字列で指定する必要があります。

■ 文字列のクォーテーション
JSON内の文字列は必ずダブルクォーテーション（ " ）で囲う必要が
あります

繰り返しになりますが、Ajaxでは、レスポンスデータがJSONとなる
ことが多いので、覚えておきましょう。

>>> Ajaxを扱ううえで必要な知識

Ajaxがどのような技術なのかが少し見えてきたところで、「早速コードを書いてみましょう！」と言いたいところですが、コードの実装に移る前に述べておくべき情報がいくつかあります。

■ サーバについて

すでに述べたとおり、AjaxはJavaScriptとサーバが通信をする技術なので、Ajaxを実現するうえでサーバの存在が必須です。

本書の推奨エディタである「Brackets」には、サーバとしての機能が備わっています。「Brackets」のライブエディタという機能を使用することで、「Brackets」内のサーバと通信を行うことができます。通信方法は後述します。

■ リクエストの種類について

少々乱暴な表現になりますが、サーバにリクエストを送る場合、リクエスト方法がいくつか用意されています。多くの場合、GETまたはPOSTという方法でリクエストを送ります。なお、PUT、PATCH、DELETEなどの方法もありますが、本書では割愛します。

・GET

GETは、サーバに送る情報をURLに付与して通信を行う方法です。HTMLなどデータの取得を目的としたリクエストでは、GETを使用します。

ブラウザのアドレスバーにURLを入力し、WEBページの取得（表示）を行う際は、GETでサーバにリクエストを送っていることになります。

・POST

POSTは、サーバに送る情報をリクエストボディという領域に入れて通信を行う方法です。フォームから入力値をサブミットする場合など、

サーバに送る情報が多いリクエストでは、基本的にPOSTを使用します。

　ここでのGET/POSTの説明は、両者を差分を知るための最低限の情報です。詳細は本書では割愛しますが、Ajaxを使用する際にリクエストの方法を選択する必要があるので、GET/POSTについてはここで押さえておきましょう。

■ ステータスコードについて

　これまで、サーバがリクエストに応じてレスポンスデータをブラウザに返却することは、解説してきました。HTMLや先ほど紹介したJSONも、このレスポンスデータに含まれます。しかし、レスポンスデータの中に含まれる情報はこれだけではありません。サーバは処理結果に応じてステータスコードという情報をレスポンスデータに含めて返します。

　以下に代表的なステータスコードを記載します。

ステータスコード	意味
200 OK	リクエストが問題なく受理され、要求に沿ったレスポンスデータを返せる場合
301 Moved Permanently	リクエストで要求された情報が別の場所に移動した場合（ページの階層が変更された場合など
302 Found	301同様にリクエストで要求された情報が別の場所に移動したことを表す。ただし、302は情報の移動が一時的なものである場合（メンテナンス時などサーバの場所を移す場合）
403 Forbidden	サーバ側でアクセスが許可されていない領域に対してリクエストがあった場合
404 Not Found	リクエストで要求した情報が見つからない場合
500 Internal Server Error	サーバ側に何らかの不具合（バグ）があり、要求された情報が返せない場合

　ステータスコードはこのほかにも存在しますが、本書ではこの程度の

解説にとどめておきます。ここでは、レスポンスデータの中に「リクエストの処理結果を表す状態」がステータスコードという形で含まれていることを覚えておいてください。

これで、Ajaxを利用する上で最低限必要な情報は揃いました。次に、実際にコードを書いてみましょう。

>>> AjaxでJSONを取得してみよう

それでは、Ajaxを実行するためのコードを書いていきます。まずは必要なファイルを準備しましょう。

「js_introductory」に「chapter8」というフォルダを作成してください。今回使用するファイルは「chapter7/template_7」以下のファイルと同じ構成になりますので、そこから「chapter8」直下にファイル一式をコピーし、以下のJSONファイルを用意してください。

▽ **コード8-5-2**　`JavaScript`　js_introductory/chapter8/data.json

```
001  {
002      "fruits": ["リンゴ", "バナナ", "モモ"]
003  }
```

次にサーバの準備をします。「Brackets」のメニューバーにあるファイルから「ライブプレビュー」を選択してください。

▽ **図8-5-4**

すると、サーバが起動し、ブラウザ上で「http://127.0.0.1:数字/index.html」（数字の部分は環境により異なります）が開き、「index.html」が表示されます。これで、Ajaxを行う準備が整いました。

まずは「index.html」を以下のように変更してください。

▽ **コード8-5-3**　`HTML`　js_introductory/chapter8/index.html

```
001  (省略)
002  <body>
003    <ul class="fruits"> <!-- 追加 -->
004    </ul> <!-- 追加 -->
005  (省略)
```

次に、JavaScriptのコードを書いてみましょう。コードの解説は後述しますので、まずは「script.js」に以下のようにコードを記載してください。

▽ **コード8-5-4**　`JavaScript`　js_introductory/chapter8/script.js

```
001  $.ajax({
002    type: 'GET',
003    url: 'data.json',
004    dataType: 'json',
005    success: function(response) {
006      var fruits = response["fruits"];
007      var $ul = $('.fruits');
008
009      for(var i = 0; i < fruits.length; i++) {
010          $ul.append('<li>' + fruits[i] + '</li>')
011      }
012    },
013    error: function(xhr, status, error) {
014      console.log(status, error);
015    }
016  });
```

前説が長かった割にはあっさりしていると思うかもしれませんが、これでAjaxにリクエスト送信とレスポンスデータ受信後の処理が書けたことになります。ブラウザから「http://127.0.0.1:数字.index.html」(数字は自分の環境で設定されている値に置き換えてください)を開いた際に、JSON内の情報がli要素として表示されていれば成功です。

それでは、順を追ってコードの説明をしていきます。まず、サーバへのリクエスト送信は、1行目のajaxメソッドで実行されます。ajaxメソッドには、引数にオブジェクトとしていくつかのオプションを渡しています。

以下に今回使用しているajaxメソッドのオプションについて記載します。また、それぞれのオプション内のコードについてもここで解説します。

■ type

GETやPOSTなどのリクエスト方法を指定します。typeの設定は必須ではありませんが、コードを見たときにどのような形式でリクエストを行うか、ひと目で判別できるため、設定をしておくのが無難です。設定を省略した場合、typeはGETとみなされます。

■ url

リクエスト先のURLのパス情報を指定しています。今回は、リクエストを行うサーバのルートディレクトリにJSONファイルが置かれているため、ファイル名のみを記載していますが、これは「http://127.0.0.1:ID/data.json」と同義です。

■ dataType

受信するレスポンスデータのフォーマットを指定しています。dataTypeの設定は、必須ではありません。しかし、type同様にどのようなレスポンスデータを期待しているかがコードから判別できるため、設定してお

いたほうがよいでしょう。

　今回は、URLの中に「data.json」というファイルの情報が含まれているため、JSONの取得を行うための処理であることがコードから判別できますが、リクエストによっては、URL内にファイル情報を含まないケースもあり得るので、基本的に設定をしておくのが無難といえます。

■ success

　リクエストが受理され、期待どおりにレスポンスデータが受信できた場合（ステータスコードが200の場合）、「success」に代入した関数が実行されます。この関数はレスポンスデータの受信に成功したタイミングで実行され、その際に受信したデータ（今回であれば、JSON）が引数に渡されます。コード8-5-4では「response」という名前でこの引数を受け取り、内部のJSON情報をliタグとして出力しています。

　ajaxメソッド実行時は、「レスポンスデータの受信に成功したらこの関数を実行してね」という予約をしているだけなので、この関数は非同期処理であることを押さえておきましょう。

■ error

　リクエスト先（サーバ側）もしくは、レスポンスデータの受信時など、通信が失敗した場合[1]、「error」に代入した関数が実行されます。success同様にこちらも非同期処理になります。

　この関数には、実行時に以下の3つの情報が渡されます。

・第一引数

　通信を行うための機能が実装されたオブジェクト（XHRオブジェクト）が渡されます。サーバから返却された情報（JSONなど）もこのオブジェクトの中に入ります。

・第二引数

　通信結果を表す具体的なステータス情報が文字列として渡されます。

----

[1]　具体的には、サーバ側の処理にバグがあり、ステータスコード500が返却された場合やレスポンスデータ内容が誤っている場合など。

・**第三引数**

　発生したエラーの詳細が渡されます。

　コード8-5-4では、通信失敗時の原因を知るため、第二引数と第三引数の情報をConsoleに表示しています。もし、レスポンスの結果がうまくWEBページ上に表示されないときは、Consoleに表示されているエラー内容を確認してください。

　また、errorオプションの設定は必須ではありませんが、通信が失敗した際、その原因を効率よく特定するため、今回のようなエラーハンドリング（エラー時の対処）は必須だと認識しておきましょう。

　本書では、Ajaxを理解するうえで、最低限知っておきたい情報に限って解説しています。本格的な開発の中でAjaxを使用しようとすると、本章で解説した情報だけでは、足りないこともあるでしょう。

　しかし、Ajaxがどのようなことを実現するための技術であるかを今のうちに知っておくことは、きっと今後に活かせる知識なので、本書で取り扱いました。そのため、現段階では、Ajaxの概要と実現方法など、最低限の部分が理解できれば十分です。

まとめ

- Ajaxとは、JavaScriptでサーバと非同期通信を行うための技術である

- Ajaxを利用する際、リクエスト送信およびレスポンスデータの受信はJavaScript（XHRオブジェクト）で行う

- リクエストには、GETやPOSTといった複数の方法がある

- レスポンスデータの中には、ステータスコードと呼ばれるサーバの処理結果を表す情報が含まれる

- JSONは、JavaScriptのオブジェクトライクなフォーマットのデータである

- Ajax通信時、多くの場合、レスポンスデータはJSONというフォーマットのデータとなる

CHAPTER
9

この先の
学習について

本書を読み終えても、JavaScriptの学習はまだまだ道半ばです。本書のあとに読むべき参考書籍や、今後の学習の方法について、道しるべを立てておきたいと思います。

CHAPTER 9

本書を読み終わったら

　本章では、この先、JavaScriptを学習していくうえで知っておきたいことや、本書では紹介しきれていない情報、今後の学習方法について触れます。

>>> 再読してコードの内容を理解する

　もし本書で学習した内容の理解度に不安があれば、第5章と第7章の課題に再度挑戦してみましょう。これらの章は、それまでの章で触れた内容の応用を目的とした章なので、1周目ではサンプルコードを動かすことで手一杯だった読者もいるかもしれません。2周目は、コードの内容を理解することに集中して学習することで、1周目にはなかった気づきが得られるはずです。

　また、もし文法レベルで理解の曖昧な箇所があれば、第3章をリファレンスとして活用しながら、一つ一つのことを納得いくまで学習に臨むとよいでしょう。

>>> 言語仕様の理解を深める

　「はじめに」でも触れたとおり、本書はまずは動くものを作りながらJavaScriptに慣れるを目的とした入門書です。そのため、言語仕様の解説において、触れていなかったり、厳密に記述していない箇所もあります。本書を通じて、JavaScriptでの開発に少しでも慣れることができたのなら、JavaScriptという言語をより深く学習することをおすすめします。

以下に筆者が推薦したい書籍を紹介します。

「きちんとわかる！JavaScript とことん入門」（技術評論社）

「改訂新版JavaScript本格入門 〜モダンスタイルによる基礎から現場での応用まで」（技術評論社）

JavaScriptの言語仕様について触れている書籍はいくつもありますが、紹介した2冊は比較的平易な言葉と短いサンプルコードで解説されています。

　また、本書ではカバーしきれていないJavaScriptの言語仕様についても、しっかりとした記載があります。ページ数もそれほど多くないため、初学者にとっても読みやすいかと思います。

》》》 自分でコードを書いてみる

　ある程度JavaScriptに慣れてきたら、実際に自分でもコードを書いてみましょう。最初のうちは、本書のサンプルを回答を見ずに実装できるようになることを目指してみるのもいいでしょう。その際、わからなければ回答をみてもよいのですが、回答を見る前にわからない箇所をWEB上で調べ、なるべく自力での解決を目指す習慣をつけておきましょう。WEBから情報を検索するときの注意点は、本章のコラムに記載してありますので、ぜひ目を通しておいてください。

　また、自分で作れそうなサンプルコードを書いてみる方法もおすすめできます。普段、WEBサイト上で目にするJavaScriptの動きを真似て実装してみたり、本書のサンプルコードに少しアレンジを加えてみたりするのもよいでしょう。

　これらはあくまで筆者がおすすめする学習方法ですが、一番重要なのは楽しんでコードが書けることです。自分がもっとも楽しいと思える方法を模索してみるとよいでしょう。

　最後に、オンライン上で手軽にJavaScriptが書けるWEBサービスをご紹介します。ローカルにいちいちファイルの作成するのが面倒という人にはおすすめできます。

CodePen

CodePen（https://codepen.io/）は、オンライン上で手軽にHTML/CSS/JSの開発が行えるWEBサービスです。1つのウィンドウで実装結果を確認しつつ、コードが書けるので、筆者もちょっとしたサンプルコードを書きたいときなどに重宝しています。

COLUMN
WEBの情報を利用するときの注意点

　実際の現場では、実装したいと思ったコードの回答は存在しません。しかし、多くの場合、WEB上には回答に近い情報が存在しているはずです。WEB上にある無数の情報の中から、自分が欲しいものを探し出すスキルは、今後さまざまなシーンで役に立つはずです。ただし、WEB上のコードを利用する際は、ただのコピペになってしまわないように気をつけましょう。コピペで目的が達成できてしまう場合もあるのですが、コピーしてきた内容を理解していなければ、あまり意味のない作業になってしまいます。

　また、コピーしてきたコードに手を加えなければならないとき、コードの内容がある程度は理解できていないと、どのように修正を行えばよいのか、わからなくなってしまいます。

　こうした点を意識しながらコードを書いていくことで、JavaScriptのスキルは向上するはずです。

≫ INDEX ≪

記号

'	26
$	125, 144
%	69
//	28
;	27
[ ]	47
{ }	51
"	27
+	30, 73
++	54
==	40
>	88
>=	88

A～D

addEventListener	107, 124, 140, 184
Ajax	15, 193
alert	24, 81
append	161
appendChild	102
Array型	47
attachEvent	126
Boolean型	39
Brackets	197
break	63, 64
case	63
CDN	128
change	148
class名	98
clearInterval	120
click	108

confirm～

confirm	41
Console	80
console.log	89, 114
createElement	102
createTextNode	102
currentTarget	149
Dateオブジェクト	109
document	97
DOM	15, 124, 182

E～H

ECMAScript	172
Elementオブジェクト	97, 102, 148
else	45
else if	45
ESx	173
false	39
for	57
function	66
GET	197
getElementById	97
getElementsByClassName	98
getElementsByTagName	98
Googleマップ	194
HTMLCollection	98
http	3

I～L

if	38
index.html	6
innerHTML	97, 145
IPアドレス	4

jQuery	124, 133	while文	51
jQueryオブジェクト	125, 149	XHRオブジェクト	195
JSON	195		
keyup	142, 152, 160		

あ行

length	55, 160	イテレート	51
li要素	101	イベント	105, 181
		イベントオブジェクト	148

N〜Q

		イベントターゲット	183
new	110	イベントフェーズ	182
next	149	インクリメント	54
node.js	10	インデックス番号	47, 49, 71, 99
null	97	エラーメッセージ	83
Number型	31	演算子	30
on	125, 140	オブジェクト	71
PHP	8	オブジェクト型	77
POST	197		

か行

preventDefault	154	開発者ツール	80
prop	151	返り値	44, 69
push	160	型	31
		仮引数	66

R〜X

		関数	26
return	70	キー	72
Ruby	8	キーバリュー型	196
scriptタグ	12	キャプチャフェーズ	183
setInterval	111, 189	キャンセル処理	154
stopPropagation	185	クライアント	2
String型	31	クライアントサイド言語	9
switch	62	グローバルスコープ	175
true	39	クロスブラウザ対応	126
undefined	69	コールバック関数	108, 148, 191
URL	3		

さ行

val	144, 160	サーバ	2
var	33, 179	サーバサイド言語	7
WEBシステム	2		
WEBブラウザ	2		

211

サブミットボタン	150, 160
条件式	59
条件分岐	38, 45, 62
初期化	110
初期化式	59
真偽値	39
スコープ	174
ステータスコード	198
セレクタ	125

た行

ターゲットフェーズ	183
代入	34
タグ名	98
ディレクトリ	5
データベース	7
テキストノード	16
テキストフィールド	142
デバッグ	80
同期処理	187
ドメイン	3, 4

な行

ノード	16

は行

バージョン	134
配列	47
バグ	81
バブリングフェーズ	183
バリュー	72
半角スペース	32
ハンドラ	148
比較演算子	53
引数	27

非同期処理	189
ファーストドキュメント	6
プリミティブ型	77
ブロッキング	188
ブロック	39
プロトコル	3
プロパティ	72
ページ遷移	154
変化式	59
変数	33
変数の有効範囲	174

ま行

無名関数	75
メソッド	75, 125

や行

ユーザーイベント	105
ユーザー定義関数	66
要素ノード	16

ら行

ライブラリ	124
ラジオボタン	146
リクエスト	3
リスナー	108
リフレッシュ	194
ルートディレクトリ	5
レシーバ	144
レスポンスデータ	3, 7
連結	31
連想配列	77, 196
ローカルスコープ	175

著者プロフィール

小笠原 寛（おがさわら　ひろし）

新卒時に入社したITベンチャー企業にてWEBエンジニアとしてBtoB、BtoC サービスの開発に従事する。その後、フリーランスエンジニアとして独立し、WEBサービスの開発を複数担当。フロントエンドからバックエンドまでWEB開発全般に携り、現在はサークルアラウンド株式会社にて、エンジニア兼WEBプログラミングトレーニングの講師を務めている。

http://circlearound.co.jp/training

- ● 装丁
  植竹 裕（UeDESIGN）
- ● カバー写真
  YuryImaging/Shutterstock.com
- ● 本文デザイン・DTP
  宮下晴樹（ケイズプロダクション）、小林麻美（ケイズプロダクション）
- ● 編集
  森谷健一（ケイズプロダクション）
- ● 本文イラスト
  ひろせ りょうた
- ● 本書サポートページ
  http://gihyo.jp/book/2018/978-4-7741-9939-9
  本書記載の情報の修正・訂正・補足については、当該Webページで行います。

■お問い合わせについて
　本書に関するご質問については、本書に記載されている内容に関するもののみとさせていただきます。本書の内容と関係のないご質問につきましては、一切お答えできませんので、あらかじめご了承ください。また、電話でのご質問は受け付けておりませんので、FAXか書面にて下記までお送りください。

＜問い合わせ先＞
〒 162-0846
東京都新宿区市谷左内町 21-13
株式会社技術評論社　雑誌編集部
「知識ゼロからのJavaScript入門」係
FAX：03-3513-6173

　なお、ご質問の際には、書名と該当ページ、返信先を明記してくださいますよう、お願いいたします。
　お送りいただいたご質問には、できる限り迅速にお答えできるよう努力しておりますが、場合によってはお答えするまでに時間がかかることがあります。また、回答の期日をご指定なさっても、ご希望にお応えできるとは限りません。あらかじめご了承くださいますよう、お願いいたします。

知識ゼロからのJavaScript入門

•••

2018年8月22日　初版　第1刷発行

著　　　者　小笠原 寛
発　行　者　片岡 巌
発　行　所　株式会社技術評論社
　　　　　　東京都新宿区市谷左内町 21-13
　　　　　　TEL：03-3513-6150（販売促進部）
　　　　　　TEL：03-3513-6177（雑誌編集部）
印刷／製本　株式会社加藤文明社

- ●定価はカバーに表示してあります。
- ●本書の一部あるいは全部を著作権法の定める範囲を超え、無断で複写、複製、転載あるいはファイルを落とすことを禁じます。
- ●造本には細心の注意を払っておりますが、万一、乱丁（ページの乱れ）や落丁（ページの抜け）がございましたら、小社販売促進部までお送りください。送料小社負担にてお取り替えいたします。

•••

©2018　有限会社ケイズプロダクション
ISBN978-4-7741-9939-9　　C3055
Printed in Japan